結論は出さなくていい

丸山俊一

光文社新書

結論は出さなくていい

目次

Ⅰ　無理はしなくていい——至るところに道はある

プロデューサーは最後尾にいる

「丸山さんは、とても変な人だ。面白いことを、自信なさげにぼそっという。『仕事ができます』オーラもあまり出さない」

古市憲寿さんが、拙著『すべての仕事は「肯定」から始まる』（大和書房）を著した時に、推薦文として書いてくれたものだ。この後、「だけど人の記憶に残る変な番組を、定期的に生み出している」とフォローはしてくれているのだが、なるほど、さすがの人物描写、苦笑しつつも受け入れざるを得ない。

じっさい、たしかに他の出演者たちからも、お会いした時に、「プロデューサーっていうから、もっとブイブイいわせてる人かと思っていた」「もっとイケイケで濃いキャラの人かと思っていた」と、想像されていたイメージとの相違を伝えていただくことが多い。

どうやらテレビプロデューサーというと、エネルギッシュな押しの強いタイプ、脂ぎったお調子者タイプなどを連想する方が多いようだ。ちょっと複雑な気分だ。

世間でのプロデューサーのイメージといえば、口八丁手八丁で、多くの人々から企画への賛同を引き出し、制作現場でも中心となってスタッフを統率する姿だったり、キャラが強く、大声で指示を出し、先頭に立って皆をグイグイひっぱっていく姿が定番らしい。ドラマなど

Ⅳ　番組は未完成でいい――フレームの内と外から見えるもの――――――173

「正解のない時代」の柔らかな戦い方――まえがきにかえて

「正解のない時代」と言われて久しい。

幸せの形を人々が共有することが難しくなったかに見える時代。多様性が叫ばれ、叫ばれれば叫ばれるほどに、現実にはそれが実現していないことを証明しているかに思える時代。ひとつのレールから降りることがプレッシャーとなり、多くの人々の心を縛《しば》っているかのごとく感じられる時代……。

そんな時代に生きるからこそ、自らの心、意識、そして無意識のあり方までを丁寧に見つめ、自分自身と対話することが重要になる。

社会は、人々の意識、無意識が投影されてできているもの。日々の人々の感情の乱れ、わずかな軋《きし》み、ズレが、積もり広がり、やがては大きな潮流となり濁流となり、多くの人々を巻き込んでいく。

社会が、そして世間が生み出していくそうした大きな渦のなかで、いかに自らを保つか？　そのバランスゲームを真摯《しんし》に生き抜く術《すべ》、そこで感じる葛藤すらあえて楽しんでしまう方法を考えることは、決して無駄ではない。

そして、それぞれやり方、形は異なっても、自らの心と対話する感覚を身につけ、実践する人が増えることで、社会もまた少しずつ穏やかな流れを取り戻し、霧のなかから、再びその姿形をあらわにしてくれるのではないだろうか。

映像の作り手としての三〇年は、そのまま、無意識について考える三〇年だったともいえる。それは、容易には言語化しにくいものに光を当てようとする挑戦であり、深い海に沈む、形ならざるものを発見する冒険でもあった。世の中に流れる風を肌で感じ、潮流を読み、企画立案し、そしてディレクターたちとの共同作業による制作へと続くプロデューサーの仕事は、人と、世界と向き合い、思考を続けるための、じつにさまざまな方法を教えてくれたように思う。

でもそんな風に描かれているのを見ると、苦笑してしまう。

しかし、当然といえば当然なのだが、ちゃんとコンスタントにさまざまなジャンルの仕事を継続させていくプロデューサーは、バリバリ前面に立って……というより、どちらかといえば寡黙、むしろ最後列から全体を見渡しているような人が多い気がする。そもそも、仕事の中身自体が、本当に多くのさまざまな人々に関わってもらうことで、たったひとつの企画書から映像作品を立ちあげていくのだから、オンエアーの瞬間まで、さらには放送後の反響に対してもブレない胆力、情緒の安定、しなやかな精神の強さが重要になってくるはずなのだ。今まで出会った多くの先達たちの後ろ姿、そのたたずまいを思い浮かべながら、そう確信する。

リーダーシップの取り方にもいろいろある。登山の時、リーダーは脱落者が出ないよう、最後尾から登る。皆の背中を押しながら、励ましながら、山頂を目指すのだ。もちろん、いろいろなタイプがいてよいのだが、全体を俯瞰《ふかん》で見ることができる冷静さは、僕が考えるプロデューサーの、まずは必要条件だ。

無理はしなくていい

何を大事にして番組制作をしているのか？　時々、プロデューサーとしての立ち位置をインタビューなどで問われることがある。もちろん大事にするものはいろいろとあるのだが、ひとことで言えといわれれば、「場を作ること」ということに尽きる。

もちろん、「時代を読む」などの、後でも触れる発想の根本の話は別として、まずは場作り。自由闊達《かったつ》な、風通しの良い「場」だ。

場作りというと、「現場に差し入れを欠かさない」「スタッフをねぎらう」……など、チームワークをよくするための気づかいなどをイメージする方もいるかもしれないが、そういうことではない。もっとシンプルにして、本質的なことだ。

関わってくれている人々が、その資質の最も良質な部分、本来持っている能力を発揮してくれているかどうか、さらにいえば、その場を無理なく楽しむ気分になることができているかどうか……そういう場を作ることが最も大事だ、ということになる。

人間、本当にいろいろなタイプがいる。コツコツと計画的にことをなす几帳面な人、気まぐれな気分屋、普段はのんびりしているが、ここ一番の集中力は持っているタイプ……。

出演者やスタッフ、仕事を共に進める彼ら、彼女らの姿を見ている時、「いったいどんな子どもだったのだろうか?」とぼんやり想像することがある。

たとえば、小学生の頃、夏休みの宿題を最終日に一気に仕上げてつじつまを合わせるタイプだったディレクターに、仕事の進捗をあまりせっついて報告を求めても仕方がない。逆に、日々きちんきちんとこなすことが喜びのスタッフを、あまり放っておくのもよろしくない。三つ子の魂百まで、とはよく言ったものだが、幼少期の姿、無邪気な立ち居振る舞いのなかに、人それぞれの資質というものはすでに表われているものだと思う。

やはり理想は、人それぞれが持っている資質、気質、才能が、自然な形で発揮されることだ。せっかち、のんびり屋、直感派、論理派、飽きっぽい、粘り強い、閃《ひらめ》きに長《た》ける、記憶力に長ける……などなど、それらが個性となり、組み合わさって、全体として番組の力となっていくことだろう。

それぞれがそれぞれのスタイルで、リラックスし参加できる場。スタッフだけでなく、出演してくださる方々にもそう思っていただくことは、本当に重要だ。

たとえば、「バラエティーだから、ハキハキと明るく」などという固定観念が、そのまま強迫観念になってしまったら、最悪だ。「お仕事」として「明るく振る舞う」のは、その本人にも無意識に歪《ゆが》んだストレスを残し、その引きつった笑顔は、決して番組のためにもならないだろう。映像は正直だからだ。

たとえば、『ニッポンのジレンマ』のような、対話が主軸となる番組の収録を思い浮かべてほしい。さまざまな言葉が自由に行き交うよう、出演者もスタッフも、無理な繕《つくろ》いをすることに無駄なエネルギーを使うことなく、自分の心に正直に関わってほしいのだ。そしてそのためには、そのテーマ、内容を自らのことに引きつけ、自らの言葉で考えてもらえるようなゆとりを生むことが大切になる。ちゃんとテーマを消化する時間、腑《ふ》に落ちるまでご自身で考え、自分の言葉にしてもらう時間だ。

仮にその話題に気が乗らない出演者がいたとする。そこでも無理はしなくていい。「大事なテーマだから、皆で考える」……、もちろん、そういう目的があるからこそ、番組サイドとしてはそのテーマを設定しているわけだが、その「大事さ」を、出演者も、自分自身の生理感覚、皮膚感覚で納得できるところまで考えて落とし込んでもらうプロセスが大切だからだ。

あるいは、テーマに納得できなければ、「どうして今日はこの話から始めるんですか？」という発言から始まってもいい。ＭＣ（司会者）である古市憲寿さんが、開口一番、すでに疑問として提示してくれることもある。番組のメインの司会者だからといって、「良い子」

になる必要はないのだ。このひとことのおかげで、皆、楽になり、何を言ってもよい場として、さらに空気がほぐれるのだ。

こうしたやりとりがあるおかげで、中途半端に納得して話に加わってもらうより、むしろ、その壁を越えていこうとする過程での発見があるかもしれない。そして、なにより、こうした開放度が、映像には定着される。テレビは空気を映し出すのだ。

仕事の要《かなめ》には、人間への洞察がある。心理的な抵抗があれば、それを口にできる、また自分のやりやすい形を提示できる、流儀を見つけられる……大事なのは、そんな開放的な場を作ること。みんな、無理をしなくていい。

「だんだん、その気になる」話

人間の生理に馴染む、無理のない進め方という意味で、面白い経験を思い出した。

もう二〇年近く前、美術番組のディレクターをしていた頃、時々担当していた『日曜美術館』という番組で、ある回の企画が放送直前で飛んでしまったことがあった。急遽《きゅうきょ》、他のテーマを見つけなくてはならない。班員全員、フォローすべく手分けをして走る。決定打はない……。

その時、ベテランの制作者の鶴のひと声で、今まで何度かご出演いただいたことのある洋画壇の重鎮に、ある伝説的な画家の人生の軌跡を追う旅に出てもらう企画を依頼しようということになった。創造の源泉を探っていく旅。なるほど、企画自体は悪くない。「天才は天才を知る」というわけで、重鎮も気になっていたはずの画家の世界を探究、自らの作風との接点を明らかにしながらの旅は、アーティストとして想像力を掻《か》き立てられる企画のはず、関心は持ってくれるかもしれない。

しかし、その重鎮もまだ現役、ご自身のアトリエで日々精力的に絵筆を握っている。その方の貴重な時間をいただかねばならない。また、お元気とはいえ、かなりのご高齢。旅に出るのにも準備が要りそうだ。

だが放送日は迫っている。迷っている時間はない。僕らは無理を承知で、おずおずと電話を差し上げ、「急な企画になんとかお力をお借りできないか」と正直に状況をお話ししたところ、少しだけという条件で話を聞いていただけることになった。

広いアトリエの片隅で、僕ともう一人の後輩ディレクターが重鎮を待ち、そしてほどなく、交渉が始まった。緊張感が漂う。重鎮は目をつぶってじっと聞いているだけで、言葉を発しない。

「やはり、難しいでしょうか……」

長い沈黙の時が過ぎる。

「……泊まりになるんだよね？」

「そうですね、どうでしょう、お時間をいただける範囲で頑張りますが……」

再び、沈黙の時が。しばらくして、沈黙に耐えかねたように後輩が言った。

「やはり、難しいですよね。こんな急な話では……。申し訳ありません」

もう席を立ちかけようという勢いだ。

その時、重鎮の表情がパッと変わった。薄目を開け、ポツリ、ポツリと言葉を紡ぎ出した。

「ものごとが腹に落ちるには、時間が必要なんだよ。ほら、まだ君たちから話を聞いてから、三〇分も経ってないだろう。ちょっと待ってよ。今、あれこれ、考えているんだから、さ」

柔らかでやさしい声がアトリエに響いた。さらに言葉は続いた。

「だって、僕がダメだって言って振り出しに戻っても、君たちももっと困るだろう？」

僕らは、正直にうなずいた。

「もうちょっと待ってよ、あと一時間半かな……」

会話は続いた。

「うんうん、だんだん、その気になってきた。うんうん」

「うーん、だんだん……、うんうん」

それは、もちろん多少は僕らの熱意、事前の企画の練り度合いを確かめる会話でもあったのだろうが、本当に、自らの生理的な感覚で納得感を得るための大事な通過儀礼だと感じられる時間だった。そして、本当に二時間あまりが過ぎた頃だろうか。

「楽しい旅になりそうだね」

笑顔が溢《あふ》れた。

そして、ロケ当日。カメラが、飄々《ひょうひょう》と足取りも軽く山道を歩く重鎮を、後ろから追いかけていく。よい番組になったことはいうまでもない。

「やっぱりさ、人間って、頭で考えるだけじゃ、どうしても身体が追いつかないことがあるよね。心は身体の方にあるからさ。頭から降りてきて、身体に馴染ませる時間が必要なんだよ」

あの時の、「だんだんその気になってきた」というシーン。妙に焦って、頭だけで事を進めてしまいそうになる時に、ふとよみがえり、頬がゆるんでしまう。人間の生理は面白い。そしてやはり、「心が生き生きとする」人があってこその、企画、なのだ。

チャートがあれば、航路は自由だ

自然体の収録、自由な創意工夫による参加……。こういう精神を大事にすればするほど、「企画をまとめる」という作業には、それこそジレンマが生まれる。つまり、制作前に文書でしたためた通りの番組にはならないのだ、正確な意味では。

自由闊達な出演者、創意工夫を欠かさないスタッフであればあるほど、制作の過程を楽しみ、さらに現場での閃きが加わり、思わぬ展開を生み出してくれることだろう。

かくして、企画段階の文章は、徐々に書き換えられ、台本は「捨てるべきハシゴ」となってしまう。

しかも、そもそもそれ以前に、映像作品は、じっさいには三次元のもの。二次元の文書で本当の面白さを伝えることは難しいのも事実だ。映像は、言葉で語り尽くせるものではないし、だからこそ、映像化するのだから……。

というわけで、番組の中身を企画書にまとめることは、誠実に考えれば考えるほど難しい。取材対象者や出演者陣などはもちろん、演出、技術、美術……、関わってくれるスタッフたちも皆、個性的なアイデアを繰り出してくるはずなのだ、企画書の段階からバージョンアップした発想で。

こうしてさまざまな番組の経験を経て、いつの頃からか僕は、企画書にはしっかりと「番組の狙い」は書くが、それを実現するための「仕掛け」「場の設計」の方はシンプルにする、という作法を取るようになった。

つまり、「何ゆえに今という時代にこうしたテーマで表現を行なおうとする意義があるのか」「どこに人々の心のわだかまりになっている要素があるのか」という、少々堅苦しく言えば現代社会の状況分析や、多くの人々が抱えている気分を言葉にすることの方に力を注ぎ、それを解くためのチャート（海図）の方は、簡潔に記すようにしたのだ。

じっさいに、「世の中、生きづらくないですか？」この呼びかけで企画書を書き始めた『爆笑問題のニッポンの教養』も、初回のオープニングをこのフレーズで始めることになったのだが、番組の「生き物としての生命力」を生かしていくためには、こうしたやり方が正解だと気がついたのだ。

企画の哲学からブレず、同時に、多くの人々が関わって転がしていくうちに成長していく番組の生命力を維持するためには、海図は必要だが、航路を決めすぎてはならない。

もちろん、企画書である以上、さすがにある程度の具体性を、そこに表現しないわけにはいかない。企画を採択する側もイメージが湧かず、困るだろう。繰り返すが、コンセプトと、ある程度想定される構成、展開などは整理する。しかし、同時に、関わってくれる全員が共有する場のチャートを明確化したそのうえであれば、自由な航海ルートを発見していく過程を楽しめるようなゆとりを確保していくことも大事なのだ。

コンセプトの明確化と、演出の自然成長性の確保と。そのはざまに成立させるのが、映像化の企画書だ。

その意味で、もうひとつ。妙に小さくまとまり過ぎないようにすることにも、注意を払わねばならない。なぜなら、誰もが納得する「わかりやすい」企画書には、リスクがなく、ということは、伸びしろもないのだ。どこまでも自由な発展のための可能性を保った方がよい。

発想の三段階、そのなかでも強いのは?

じっさい、テレビの企画、構成を考える際、僕自身が無意識に行なっている一つの流れがある。さらに少し広いフィールドにも当てはまるであろう、新たな発想の幅の広げ方について、考えてみよう。

何らかの知的成果物を求められる仕事のプロセスを、あえていくつかの段階に分けてみると、まずは、できるだけ早く俯瞰で全体状況を把握し、過去の経験値のデータベースから類似したケースを脳内サーチ。さまざまな角度から検討し、ひとまずのモデルを作る。これが基本の第一段階だ。

そして第二段階。今回のケース独自の問題ゆえの見落しはないか？ 過去の経験値に寄りかかり過ぎているがゆえの誤謬《ごびゅう》はないか？ 論理というデジタルな網の目をかけたところからこぼれ落ちるアナログ的発想はないか？ などなどを検証する。

そのうえで、この第二段階で発見した死角、視点をモデルに入れ込み、バージョンアップ、進化させていく、これが第三段階……ということになるかと思う。

仮説↓検証↓仮説↓検証……を繰り返すという意味では、刑事の推理と変わらないのかもしれない。もちろん、その狙い、構えなどにもよるが、ドキュメンタリーなどは刑事の推理とかなり似たところがあるといえるだろう。バラエティーなど、エンターテインメント性も含む領域、集客も求められるイベントなどなら、またもう少し様相は異なるかもしれない。

しかし、いずれにせよ、ポイントとなり、難易度が高まるのは、第二、第三の段階であることは言うまでもない。そしてじつは、真の意味で「新しい」と感じられる面白さは、この第二、第三の段階から生まれるのだ。これは、すべての発想、クリエイティブな作業で通る過程だ。

突然話は飛躍するが、たとえば一九世紀のドイツの哲学者ヘーゲルは、正→反→合という展開の果てに生まれる状態を止揚（アウフヘーベン）という概念で名づけた。最初に生まれた一つの仮説は、その反対の意見により批判され、磨かれ、最終的に「正」でも「反」でもない第三の道を見出す、というのだ。まるで万物の運動に内在するかのごとき法則性を、思考の過程にも導入することの提案だ。

またフランス現代思想を代表する哲学者デリダは、論理を打ち立てる端から自らのロジックに懐疑の眼を向けるという思考によって、そもそもの言説、言葉の呪縛から逃れる術を考えた。これは後に詳述する。

西欧の哲学にばかりに範を仰がなくても、日本の古典にも優れた洞察による継承がある。雅楽から生まれ、能、剣術、茶道などにも用いられる「序破急《じょはきゅう》」などは、まさにこうした流れを表現するものといえるだろう。

それにしても、この第二段階の「破」の視点を、どうダイナミックに持ち込むか？

じつは、皮肉なことに、極めて主観的な感情、心の襞《ひだ》に刻まれた想いが、この第二段階を起動させてくれることが多いのだ。煮え湯を飲んだ苦い想い、言葉にならない想い、整理がつかないやるせなさ……など、なんとも個人的には失敗、負の遺産のような経験の方が、圧倒的に役立ってしまうのである。もちろん、窮地からの逆転劇の喜びなども含まれるのだが、総じて、挫折、もやもや、はぐれた感覚……等々から生まれたものこそが、強いのだ。

理不尽なジレンマと、どう付き合うか?

はぐれた感覚、といえば、幼い頃のほんのちょっとした心の傷が、その人の思考に影響を与え、ものを考えさせる強烈な体験となっていることがある。そうした想いにも時に向き合い、付き合い、対話することで、体験した当時にはわからなかった新たな意味が生み出されていくことがある。

ふっとある時浮かびあがり、かすめていく記憶がある。今、自分が直面しているのは、どういう状況なのか? あの日あの時のあの気持ち、あの経験と重なる想いがそこにあるのだろうか? あの、やるせなさ、気持ちの持っていきようのなさを回避するためには、どうすれば良いのだろう?

思春期の中学生のような悶々《もんもん》たる想いを口にしてしまった。今どきは中学生でももっと大人だ、とお叱りを受けそうだが。だが、開き直るわけではないけれど、こうしたやむにやまれない、とらえどころのない、所在ない感覚こそを大事にしたいと、確信している自分がいる。

あれは小学校低学年の頃、一年生の時だったか……。僕はある意味、本当に要領が悪い、なんというか、巻き添えを食って叱られるタイプだったようだ、今振り返ると。ある時、お調子者の男の子数人が、女の子のスカートめくりのまねごとをして騒いでいた。休み時間に、無邪気な男の子と、キャッキャッと騒ぐ女の子。僕はその他愛のないじゃれあいを、微笑ましいぐらいの気持ちでぼんやりと眺めていた。と、その時だ。担任の女性教師がガラッとドアを開けた。一瞬、ピタッと静まりかえる教室。

「何してるんだ!」教師はヒステリックに叫んだ。烈火のごとく怒る教師の姿に、子どもたちはさっきまでの元気はどこへやら、もう何も言い出せる空気ではなくなっていた。

最初は、スカートめくりの主犯にひとこと、お小言。そこまではいい。次の瞬間、教師はこんなことを言い出した。

「お前、黙って見ていたのか! 助けようとしなかったのか!」

怒りの矛先《ほこさき》は、突然、傍観者だった僕に向けられた。そんなに深刻な状況だったのか? 女の子たちも、楽しげに騒いでいたのは事実だし、この場にいじめのような被害者はいないはず。そう思うと、なかなか素直に「助けようとしなかった」という烙印《らくいん》に従って、謝ろうという気持ちにもなれず、僕はなんとか、この状況を言葉にして伝えようとした。

だが、頭から湯気が出るとは、まさにこのことを言うのかと思わざるを得ないほど、あまりの剣幕で感情をぶつけてくる教師を前にして、僕は言葉を失った。なんとか、言葉を絞りだそうとした瞬間、さらにこんな言葉を彼女は口にした。

「それとも助けようとしたとでも言うのか？　じゃあ、丸山俊一さんに助けられたという人、手を挙げて！」

そんな女の子がいるはずもない。だって助ける必要もないほどに、皆が場を楽しんでいたのだから……。そして、次の瞬間、教師は信じられない言葉を口にする。

「お前、嘘をついたな⁉」

「え……嘘もなにも……」

僕の言葉が終わらないうちに彼女は言った。

「助けないどころか、嘘までついて！　もう教室にいなくていい！　帰れ！」

僕は、一人教室を締め出され、廊下へと出た。悔しさで目を赤くしながら。

その後のことは、正直あまり詳しくは覚えていない。ただ、なぜこんなことになっているんだろうと思いながら、両手に水がいっぱいのバケツを持って立たされていた記憶もあるが、それは似たような別の時のことだったか……。

いずれにせよ、こうした理不尽な叱られ方を何度かしたことは確かで、とくにこの時の叱られた言葉のひとつひとつ、声の調子までが、あまりに衝撃的だったせいか、こと細かに鮮明な記憶として残っている。

当時の僕は、その烈火のごとく怒りをぶつけてきた教師にとって、おそらくは疎《うと》ましい存在だったのだろう。彼女のなかの何かを刺激していたのかもしれない。彼女にとっては、憎々しい子どもだったのか？　まあ、教師とて人間、そりが合わない子どももいることだろう、とはどこかで漠然と当時から感じてもいた。逆に言えば、僕のこうした感覚も、薄々彼女に伝わり、余計に生意気な子どもと思われるという悪循環だったのかもしれない。

しかしそれにしても、ここまでくると、もはや魔女狩り裁判である。あの恐るべき儀式。「お前は魔女か？」と問いただし、「正直に」言わないと拷問にかけられる。最後まで拷問に耐えても、「ここまで耐えられるのは普通の人間ではない。魔女だ！」という、あれだ。要は結論ありき。もう答えは最初から決まっているのだ。後に、世界史を学んで中世ヨーロッパのこの理不尽な儀式を知った時、この時の記憶がよみがえったことは言うまでもない。

家に帰った僕は、両親には自分からは何も言わなかったのだが、頬に一筋残る涙の跡を見つけた母親に問いただされ、ポツポツと白状した。今にして思えばこの時の救いは、彼女の悪口を家で言っても親は否定しなかったこと。子どものやるせない想いを、親が封じてしまえば、逃げ道がなくなるというものだ。先生も人間。矛盾を抱えた存在だ、と学んだ頃だった……。

当事者にしかわからない想いがある

さて、長々と、はるか彼方、昔のトラウマをつづってしまったが、じつはこの嫌な思い出をぼんやりと思い出していたのは、『ニッポンのジレンマ』のある回の収録の時のことだった。スタジオの論者の一人が、発言した。

「皆さんは、本当に貧しい子どもの実態を知っていますか?」

他の論者たちは黙り込んだ。この発言をきっかけに、「『弱者』を救うということは、本来どうあるべきか?」「どう考えることが、『弱者』の真の救済なのか」……さまざまな言葉が交わされ始めた時に、僕の心は遠く五〇年近く前にワープし始めていた、というわけだ。

また、小学校で理不尽な叱られ方をする前に、幼稚園では、当時太っていたことで、こんなわかりやすいいじめられ方をしたこともある。

「デブ！　百貫デブ！」

まあ、ある意味、他愛のない昭和の子どもたちの間では、どこにでもあった風景かもしれない。僕は、そうした時でも、放っておいた。もちろん、危害まで加えられたら、なんらかの対抗措置を考えねばならなかったかもしれない。現代のいじめ問題とは比較にならない牧歌的ないじめだったからかもしれないが、中傷の言葉を口にしている連中の動機など知れたもの、そのように少なくとも当時の僕には確信できた。放っておくのがいちばんだ、相手にしないことこそ最善の策、そう思っていた。

だから、その時、僕が何より困ったのは、あいだに入って、いじめる子たちを成敗しようとする「正義の味方」の登場だったのだ。

余計な騒ぎの広げ方をしてほしくない、騒いでほしくない。心のなかでいつもそう思っていた。いじめられたり、言葉にならない想いを持っている人間の気持ちが、そんなに簡単にわかるものか……。

その後も、自分が当事者である時はもちろん、そうでなくても、「弱者救済」が名目となるさまざまな場面に居合わせるたびに、複雑な想いをしてきたものである。一方的な想いで走るだけなら、「善意の押し売り」の「正義の味方」は要らない。当事者にしかわからない心のありようがある。それをまったく無視して進む「正義」は警戒したい。そんな想いを、どこかでずっと抱いてきた。

『ジレンマ』のスタジオでの討論は、そのうちに、反対意見も出始めた。どんな形でも、弱い立場の人の実情を知ってもらいたい。それももちろん大事なことだ。だが同時に誰が「弱い」と決めるのか？「弱い」と決めている時点で、その視点が優越感に支えられているとしたら……？

さまざまな視点を交換し、意見を交換し、発見をする。健全な対話というものだろう。どこにも「正義」を定義しようがないことは、まさにジレンマ。助けるも助けないも、そこに「正解」があるわけではない。

でもだからこそ、常にさまざまな場のなかに、繊細な心の動きがあることを受けとめながら、「正解」を模索するプロセスがあってほしい。多くの人々が言葉を交わし、少しでも、テレビ画面を通じて、考えるヒントが得られる機会をつくるということ。こうした場はやはり必要なのだ。こんな五〇代半ばになっても、いまだに整理がつかない、心の底に眠らせていた忸怩《じくじ》たる想いを再び噛みしめるような経験をするのだから。

さらに言えば、『ニッポンのジレンマ』の「ジレンマ」という言葉を、番組タイトルを考える時にスッと苦もなく浮かばせることにつながった、最も深層にある原体験は、この小学校時代の「魔女狩り裁判」的状況だったのかもしれない。

その意味では、この担任だった教師には、お礼を言わねばならないのかもしれない。さらに、人生によくある理不尽に遭遇する最初の体験の機会を与えてもらい、その後につながるテーマを与えてもらったこと、そしてその状況に耐える力を養わせてもらったことにも。

二〇代の時にでも再会すれば、恨みごとのひとつも言いたい気分だったかもしれないが、今なら、素直に礼を言えるだろう。残念ながら、その教師は鬼籍に入ってしまったが。

寄り添うという気持ちが大事なことは当然だ。だが、同時に、当事者にしかわからない気持ちというものがある。そして、そこから生まれた想いをどのような方向へと生かしていくかも、その人の考え方次第だ。

ひとつの経験を、時に振り返ると、その時々の位相のなかで、新たな意味が生まれ、また新たな物語が立ち上がるのだ。

人生のマラソンを走り続ける基礎体力

よく、「変化に対応せよ」と言われる。マスコミの人間なら、なおさらだ。いつでも最新の情報を追いかけることが常識だとされ、「流行に敏感であれ」と唱えられる。

もちろんその通り、確かに、知的な好奇心は失うべきではない。しかし、そこで注意しなくてはならないのは、新しい情報を追いかけているつもりで、情報に追いかけまわされること。そして結果的に、情報に振り回されることだろう。

そうした残念な逆転を生まないためにも、別になんでもかんでも体験型で「積極的」にならなくてもいい、と思う。

近年、大学生の企業のインターンシップへの参加が盛んになった。長いところだと、二～三か月も、会社の一員として働く。いわば、長いお見合い期間。こうした体験を経て「内定」へと到るケースが増えているのだという。

学生も会社も、それぞれ相手を見極めるための長期のお試し期間を、というわけで、それはそれで一定の意味はあるとは思うが、学生たちには、参加については少々慎重であるべきとアドバイスしたいところだ。

なんでも体験して、幅を広げて……とは、耳ざわりはよいけれど、さしたる考えもないうちに、あるひとつの特定の会社の風土、仕事の流儀、さらには市場の論理にどっぷりとつかってしまうことが、むしろ視野狭窄《きょうさく》を生んでしまう可能性もある。

「積極的」「体験主義」のプラスとマイナスは、よく見極めた方がいい。インターンシップの間は、当然ながら、大学生活はかなりの制約を受ける。講義や、友だちとの交友、キャンパス内で過ごして学問の基礎や原理を学び、考える時間はかなり削られることになるだろう。

もちろん、夏休みなどを利用して短期でさまざまな世界、ビジネスの現場などを垣間見ることには、メリットもある。しかし、それは自らの資質や、価値観を見つけ出すためのものだ。さまざまな企業の価値観を比較することができるような幅のある体験であってほしいし、そのためには、キャンパスという空間での思考の軸も失わないように注意した方がいい。

「あるべき学生生活」などと固定観念で説くつもりは毛頭ないし、大学のみならず、さまざまな現場との行き来から学ぶことはたくさんある。だが、俯瞰で自らのありようを見つめたり、心を落ち着かせて思考を展開してみる貴重な体験の時間も逃してほしくないのだ。

ちなみに僕は、自らの大学時代、アルバイトは家庭教師や新聞社でのちょっとした編集の手伝いのみにするなど、かなり抑えていた。なぜなら、学生の本分は勉学だと思っていたから。この当たり前のことを第一に考え、それをひとつの信条としていたことが、長い目で見ると大事なことだったと、今振り返るとよくわかる。

もちろん時代は変わった。大学という場ばかりに多くを求めすぎるべきではない時代に入っていることも確かだ。また、いろいろあれこれ手を出しても、「学生の本分」が崩れていかない人はいい。

しかし、学生時代の自由を、そうした「社会体験」に使いすぎて、社会を錯覚してなめてしまったり、また一社、二社の経験で会社ってこんなものと思い込んだり、さらには中途半端な経験で社会というものをわかった気になってしまうなど、本末転倒のケースも目にするのだ。

時代の激変期だからこそと焦る気持ちはよくわかるが、やはり学生時代にこそ、自らの頭で考え、自らの心と対話するゆとりを持ち続けたいものだ。

学問というものに耽溺《たんでき》すると、「問い」続ける力が要請される。原初的な「問い」を考え続ける力である。

たとえば、本書でも後ほど触れる「資本主義とは?」「民主主義とは?」という問いなどは、極めて根本的でありながら、現代社会で揺さぶりをかけられ、今やどこにも「正解」を見つけにくくなっている概念だ。きれいな答えなどない。そして、仮に答えがふと頭をかすめても、また迷いが生じ、割り切れないジレンマを抱えることになるだろう。だが、その過程で得られる経験は胆力となり、その力は、人生の長いマラソンを走りつづける基礎体力となる。

一見、社会の現実から離れたかに見える学問への耽溺。これは、学生のみなさんに向けての話ばかりではなく、社会に出たビジネスマン、あるいは中年世代のみなさんにも伝えたい助言だ。今、抱えているビジネスの課題にも、じつは歴史上の哲学者たちが、有効な助言となる概念を生み出している。急がば回れで、哲人たちの言葉をひもといてみることで、あなたの経験との間に思わぬ補助線が引かれ、一筋の光が見えてくるかもしれない。

「若い時はみんな哲学なんかにいれあげるもの、そのうちに醒《さ》めるよ」

当時耳にした訳知り顔の中年たちの言葉に反発を覚え、「必ず、今考えていることとの連続性のなかで自分の人生を組み立ててみせる。考えることが一時の感傷だったなどと後悔はしない」……と、四畳半の下宿で天井を眺めながら強く思った三〇年以上前の日々が思い起こされる。じっさい、あの不器用さこそが、今もさまざまな問題へと向かわせるエネルギーとなっている。

「剃刀《かみそり》になるな、鉈《なた》になれ」。今は亡き高校時代の恩師が口にしていたもので、折に触れて思い出す言葉だ。一見切れ味鋭い剃刀に、皆あこがれる。だがその鋭さ、枠組みに適合する優秀さ、器用さは、消耗し、さびやすい。一方、鉈は、振り上げるのにも時間がかかり、小回りの利かない刃物だが、ゆっくりと振り下ろす時、絶大な力を発揮し、巨木を一刀両断する。

生きていくうえでの思考にも、あの呼吸のリズムを呼び起こせたなら……。どうせなら、思考にも持久力を養うことを、あらためてお勧めしたい。

思考を背後で支えているのは？

原点に立ち返り、根本的な「問い」を深めていく。その時、他の分野との相互比較で道が見えてくることがよくある。さまざまなフィールドで起きていることに、同じような構造的な問題がないか？　その問題の本質はどこか？　考える。

たとえば、経済学を例に取ろう。まず最初に需要供給曲線から学び始めるのは、みなさん記憶されていることだろう。自由な市場で、売り手と買い手が、それぞれ自らの利益の最大化を目指して行動する時に生まれる価格。その決定のメカニズムから、皆学ぶ。

その時、その仕組みを理解すること以上に大事なのは、背後にある思想にまで想いを馳《は》せることだ。この二次元のグラフによる体系化を成立させる論理の背後には、一七世紀のフランスの哲学者デカルトによる数学的な考え方が先行していたのであり、またさらに、イギリスのニュートンによる物理学の発見も影響している。

近代経済学は、一八世紀のイギリスの哲学者アダム・スミスがその父と呼ばれ、経世済民、世をよく治めて人々を苦しみから救うことを目指すものとして生まれながらも、それが社会「科学」として自立するため、数学、物理学の思考が大きな役割を果たし、そのことによって広く世界へと認知され、普遍的な体系化が進んでいった。

そうした歴史的な背景、同時代を貫いていた空気、思考の枠組みなどをイメージすることが重要なのだ。学問としての体系、経済学というものそもそもの考え方をつかむこと。それは、メタレベルで、その構造、問題の所在を認識することとの重要性にもつながっていく。

そして同時に、その根本からまったく考え方を異にするマルクス経済学というものもあり、その背景にも、単にカール・マルクスその人の発想だけではなく、時代の物語が作用していることはいうまでもない。

そのうえで、では政治学は？　社会学は？　文化人類学は？……となった時にも、その背後にある考え方、思想、文化的な背景への想像力で、応用が利く。

こうして、経済学「的」なるもの、経済学「的」思考など、「〇〇的」とメタレベルで捉えていく発想は広がりを持ち、この世界のさまざまな事象を構造的に読み解く時に、ひとまずのあたりをつけていくのに役に立つのだ。

ちなみに、ある時代に支配的なものの考え方をパラダイムというのだが、今という時代は大きなパラダイム転換の時代でもある。これは後に詳述する。

この世のすべてがつながるということ

俯瞰して、さまざまな角度から物事を見る。その精神の実践を、こんな表現に重ねてみたらどうだろうか?

「この世のすべてを表徴として捉える」

精神科医にして著述家の中井久夫さんの言葉だと、記憶する。つまり、あらゆる物事は、何かの暗喩、隠喩になっているという視点の働かせ方、想像力の冒険への誘いだ。

じっさいに暗喩は、映像でものごとを伝える仕事においては、日常的に使用する手法の一つだ。

たとえば、状況が思わしくない方向へと展開する前兆として、「暗雲にかき消される月」

などの表現は、じつにわかりやすいレトリックだ。こうしたかなりわかりやすいものから、もっと複雑な組み合わせから生まれるイメージショットまで、映像化の際にはさまざまな試行錯誤がなされるわけだが、こうした手法を「モンタージュ」という。

そして、この「モンタージュ」が有効なのは、単に映像制作においてだけではない。想像力を喚起されて思考するということは、すべて「モンタージュ」の延長線上にあることといえる。人間は本当に面白い生き物で、ある物、状況などを目にした時、それが映像であれば、映し出されているものからの連想にとどまらず、その質感、その微妙な陰影、構図なども含めて、さまざまな方向へと連想、想像力をかき立てられていく。まさにこれこそが、フロイトが発見した「無意識」というものだろう。そしてこれは、面白いことに、ある状況、ある事柄に直面する経験から生み出されていくものなのだ。

事実、今、こうしてディスプレイに向かっている僕自身、こんなことを書き始めるとは、ものの五分前まで思ってもいなかったのだが、こうして思いがけず、心のどこかに眠らせていた記憶からこんな文章をしたため、新たな自分を発見しようとしている。

脳内に、体内に、身体に刻み込まれた記憶まで含めて、今まで潜《くぐ》り抜けてきたあらゆる経験の断層から得られたフラグメントが、外界の森羅万象と呼応し合うなかで、先ほどまで一つの形を成していた物語をさらに更新していくのだ。この過程こそが、「新たな発想が生まれる」と称されることの内実に他ならない。

そしてそのためには、こちらの内面に、多くの素材が、意識に、そして無意識に、蓄蔵されていることが必要になる。プロデューサーは、さまざまなフラグメント、発想の種を、脳内の海の奥深くにちりばめ眠らせることも大事な仕事になる。そして時に、ある角度から光射す時、海中から深くゆらゆらと揺らめく反射を、アイデアとして結実させるのだ。

「森羅万象に多情多恨たれ」。今は亡き作家・開高健さんの言葉を想い起こす。こういうマインドであれば、すべてが、考えるヒントになる。だからいつでも、外界の事象と内面とを結びつける準備を怠《おこた》らないことだ。

それは、いつでも気を張った「頑張リズム」とは異なる、むしろ力が抜けた、リラックスした状態、フラットにものごとを見る感覚から実現する。風呂に入り緊張から解け、原理が閃いたアルキメデス、彼が叫んだ「エウレカ！（わかった！）」の瞬間の状態だ。

「降りられない」――現代社会でいちばん怖い言葉

ある経済学系のイベントでのこと。現代社会の分断を生んでいる二極化、過剰な富の一部の富豪たちへの偏在の問題について話題にされていた。

『欲望の資本主義』という番組でナビゲーターを務めていただいた大阪大学准教授・安田洋祐さんが、「上位一パーセント」の大富豪たちが果てしなく「稼ぎ続ける」理由について、こう分析した。

彼らのインセンティブとなっているのは、贅沢をしたいなどという「欲望」ではなく、ある種の「承認欲求」である。つまりランキング社会だからこそ、開示される資産総額は、自らの力の誇示となる、と。

かつてアメリカの経済学者ソースティン・ヴェブレンが唱えた、有産階級がこれ見よがしにする贅沢、自らの経済力を見せつける「衒示的消費《げんじてきしょうひ》」と似た心理だというわけだ。

さまざまな経済学の最新の研究成果を貪欲に吸収し続ける安田さんによる見立て。もちろんそれもひとつの正解かもしれない。だが、それだけだろうか?

その答えを受けとめつつも、同時に、徐々に僕の心のなかには、もう少しさまざまな角度からの思索が、波紋が広がるように渦巻き始めた。

現代は「どこにも勝者がいない時代」だと思う。あらゆる人々が、まるで「商品」「消費財」でもあるかのように、市場の評価を受ける。そしてそれは、極めて一元的な価値尺度になっている。「使える」「役に立つ」という判断基準が背後に浸透し、それだけになっているように見えるのだ。

たとえば、せめてバブル以前、四〇年ほど前、つまり一九七〇年代頃であれば、「社会的な評価」を受けた作品を残した作家などは、その後、それなりに遇された。「芥川賞作家」ともなれば、じつは新人に与えられる賞だというのに、その一作で、なんとなくある程度の表現者としての場が用意される空気があった。

社会全体が上り坂で、経済的な余裕があったという側面や、年功序列型社会であったことなどももちろんあるが、それだけでなく、「文化財」というものへの尊敬の念、それが生み出された「知的な営為」についての敬意というものが、社会的に共有されていたのだ。

だが、今の社会は違う。常に競争原理にさらされるなか、「使える」「役に立つ」作品を生み出し続けなければならない。その基準は、ともすれば、売れ行きばかりになりがちなことはご存じの通りだ。

「あの人も、もう終わったね」。現代社会で、いちばん怖いのはこの言葉なのかもしれない。この一言で片づけられる恐怖に、多くの人が縛られている。市場の「商品価値」重視一点張りの社会、すべてを「商品」と、皆が無意識レベルでみなす社会……。

これでは、資本主義のレースから降りられない。企業の株価と一緒だ。最初は「健全に運営できればよい」という思いでいても、ひとたび、数字、ランキングというものが生まれてしまえば、より上位を目指し続けねばならない。それは強迫観念になっていく。

もっとも、企業の方が、多くの社員や株主が関わってくるだけ、さらに厄介だが、個人の資産の場合でも、「数字の物語」は、自己増殖を望むことには変わりない。

自らの「尊厳」を守るために、やはり市場で存在感を示すこと、それが大富豪たちの心のなかにある想いではないか？　それは、単に自分の存在を認められたい「承認欲求」からはみ出した、切実な「尊厳欲求」とも名づけるべき事態のよう思える。

道は至るところにある？

億単位のお金を毎年稼ぎ出す人たちすら、「降りられない」現代の社会。そこには、いったいどんな道があるのだろう？

道が見えない……。そんな時にいつも思い出す言葉がある。それは「破壊的性格」という、一瞬聞くとちょっとドキッとするようなタイトルの小論だ。

著者はヴァルター・ベンヤミン。第一次大戦後のドイツで思索し続けた思想家だ。不安定な時代状況のなか、彼が書き残した言葉を、たまたま二〇代の頃だろうか、ふと目にとめ、壁にぶつかりそうになるたびに浮かび上がるヒントとなった。もちろんその思想のすべてに共鳴できたわけではないが、以下のようなくだりに強くひきつけられた。

破壊的性格は持続を認めない。だからこそ、逆に、いたるところに道が見えるのである。他のひとびとが壁にぶつかったり、山塊に出くわしたりするところでも、破壊的性格は道をみつける。しかしまた、いたるところに道が見えるからこそ、逆に、いたるところで道から外れていかねばならなくなる。しかし、そのさいかならずしも乱暴な行動をとるとはかぎらない。ときにはきわめて洗練した行動をとることもある。いたるところに道が見える以上、破壊的性格じたいは、つねに岐路に立っている。いかなる瞬間といえども、つぎの瞬間がどうなるかわからないのだ。破壊的性格は、既成のものを瓦礫《がれき》にかえてしまう。しかし、それは瓦礫そのもののためではない。その瓦礫のなかをぬう道のためなのである。

（「破壊的性格」『暴力批判論』ヴァルター・ベンヤミン著、高原宏平訳、晶文社）

ベンヤミンがここで言う「破壊」は、もちろん単に物理的なものを指すのではなく、既成概念を壊すことと読める。時代と共に歩み更新していくため、観念の自縄自縛に陥らないため、歩みを止めない思考の運動とも考えられる。人間の認識に揺さぶりをかけていくための概念だ。

この箇所に目がとまった時、「いたるところに道が見える」、この感覚こそ、大事にしたいと思った。以前拙著『すべての仕事は「肯定」から始まる』でも、作家、安部公房の異色作「壁　S・カルマ氏の犯罪」と出会い、「壁」を作るのは、「壁」と認識してしまう人間の意識こそなのだという感慨に達した話はすでに書かせていただいたが、今度は「道」だ。

もちろんそれは、よいことばかりではないかもしれない。「いたるところに道が見えるからこそ、逆に、いたるところで道から外れていかねばならなくなる」ことも受けとめよう。そうした発想の延長線上に見えてくるのが、思考のフレーム、思考の前提への「破壊」だ。たとえば、「勝ち」「負け」という概念そのものを無効化し、土俵そのものを変えていくのである。

「道」という言葉から、老荘思想を連想する方もいるかもしれない。もちろん老荘思想の「道」の定義は、射程が広く深く、一概にいっしょにはできないかもしれないが、ベンヤミンの逆説的な現状突破の発想から、自我を放棄し大自然との合一を説く「荘子」のセンスなども響き合うものを連想してしまう。洋の東西がつながる、囚われない自在な思考の意外な組み合わせの共鳴を、勝手に発見し、新たなイメージが広がる。

面白いことに、映像制作の編集の際の発想は、こうした道の見つけ方にかなり似ているように思える。道なき道を見つけていく。つまり、一見脈絡のない、つながらないものを、無理やりつなげてみる。そこから、道が生まれる。ストーリーが動きだす。

プロデューサーという異邦人

「トリックスター」という概念がある。あるヒエラルキーで、上位でもあり下位でもある、内の人でもあり外の人でもある……、得体の知れない存在。トランプゲームでいえば、ジョーカーか？

じつは、プロデューサーという立場も、そんなところがある。確かに、企画立案、プロジェクトの最高責任者、一応現場のトップのはずなのだが、それだけに、現場の小さなトラブルなどにも責任を負い、現場でのさまざまな調整にもあたる。とにかく番組を実現させるために、出演者、スタッフに「お願い」をして動いてもらうという側面もあるからだ。

じっさい、細々とした確認、調整に走ることもたびたびだ。絶えず状況によって、関係性によって、動く存在。内外からの視線を常に考える、移動する視座……。この内外を股にかける「異邦人性」、じつはいろいろな意味で、これもプロデューサーに必要な重要な資質だといえる。なぜならば、プロデューサーは、もちろん企画の「推進者」だが、「部外者」でもあるからだ。どういうことか？

たとえば、ドキュメンタリーの制作現場で、熱い想いを持ったディレクターたちが、その熱意のあまり視野狭窄に陥りそうになった時、目を覚まさせるのはプロデューサーの役割だ。仮に自らが立案者で、ディレクターに負けない熱い想いを持っていたとしても、いや、だからこそ、クールに視聴者との間に入り、自らの企画を自己批評し続けねばならない。

企画を守りながら、批判する。多くの人々に受け入れられる表現に磨きあげるためにこそ、醒めた、冷静な視点が必要なのだ。

このあたりのディレクターとの関係性については、後にもう少し詳しく書く機会があるだろう。いずれにせよ、企画の取材対象へのアタッチメントとデタッチメント、すなわち近づいてみたり離れてみたりを激しく繰り返し行なう覚悟が、そこには必要だ。視点を常に移動し続ける存在、「内輪」を外から見続ける異邦人なのだと思う。

沈黙の声から「問い」を立てる

ずっと、さまざまな視点の可能性を探し続ける異邦人。あるサークル、ある共同体のなかの内輪の論理に同化しつつ、同時に異化できる批評性を持つ、表現の旅人。

そんな格好のいいものではないけれど、内外からの批評性、自らの立ち位置についても常に疑い続ける精神を持ち続けるためには、おのずからそうした移動性を持ち続けることが必要になり、同時にもうひとつの大事な仕事が生まれるだろう。

すなわち、新たな「問い」を立てるという仕事だ。

いまだ名づけがたい何ものかについて考えている人をこそ発掘し、問いを立てることもメディアの重要な役割なのだが、それは本当に難しい。白黒つける議論の土俵に乗ってしまえば、嫌でもいつの間にかすべては相対的な問題に回収されてしまう。

じっさい人は、本当に真摯に自ら考え、誠実に意見を語りたい時ほど、言葉が見つからないものではないか？　想いが深いほどに、人は沈黙し、またひとたび口を開けば、表現する言葉の足りなさにもどかしさを覚え、少しでも近似的に近づこうと饒舌《じょうぜつ》になるものだ。

議論の土俵そのものについて、その枠組みが成立している前提そのものについて疑問を持ち、考え続け、まだ言葉を見つけられずにいる人の沈黙の声こそを聞き、問いのかたちにすることの大切さを忘れてはならない。

それが、対話をするということの本当の意味だろう。

恐れるな、畏れよ——二つのおそれ

こうした対話の精神で、想像力を働かせながら他者の言葉の背後にあるものを汲み取り、言葉を尽くして思考を深め、感受性を高めていくと、いろいろと気づくことがある。表層だけを見ていると、一見相違ないが、しかし繊細なところで本質的に違う、そんな違いにも敏感になる。

たとえば、「親しくなること」と「なれ合う」こと。この二つには決定的な違いがある。気の置けない間柄、なんでも言い合える関係、信頼し合う仲……。だがどんなに親しくなったとしても、相手を他者として尊重し、ひとつの独立した人格として付き合うという感覚、緊張感を失ってはならない。

もうひとつ例をあげよう。「恐れる」と「畏れる」。同じく「おそれる」と読むのだが、これもまったく異なる意味合いがある。前者がただ怯《おび》えたり、ひるんだりする、あまり好ましからざる感情であるのに対して、後者は、尊崇《そんすう》の念、畏怖の念などを表す、神や自然など、人知を超えた存在や状況への想像力から生まれる想いだ。恐れることなく、畏れることが大切なのだ。

さまざまなものごと、コミュニケーションに、虚心坦懐に向き合う時の姿勢を支えるのは、美意識であり、それは、精神の緊張の綱渡りだ。

と、「緊張」などという言葉を使うと、拒否反応を示す人がいるかもしれないが、それは心地よいものなのだ。「襟《えり》を正す」という言葉があるが、気を引き締めること、きちんと対処するということである。

それはつけ焼き刃でどうこうしようという話ではなく、その語源の通り、自らの乱れた衣服や姿勢を整えることがまず先なのであり、そうすることで、おのずから、自然と気持ちが整っていくものなのだ。

こうした、心地よい緊張感は、むしろリラックスした状態を生み、そしてリラックスした方が、よい緊張ができる。似て非なるものの上の綱渡り、どちらに落ちるか？　そうした美意識のセンスを磨くことも楽しんだ方がいい。

時代の価値観について考える

大きな時代の変動期、社会の底にある価値観そのものが大きく揺さぶられている。今まで社会の当然の約束事とされてきたことが破られ、いつの間にかルールが書き換えられていく時代を、僕たちは経験しているといえるのかもしれない。

じっさい、自分自身の皮膚感覚でも、昭和という時代に二五年を生き、平成という時代に三〇年近く生きた者として、明らかに後者の方が「波乱」の時代だったと感じる。「平成」というその年号の語感からイメージされるものとは裏腹に、だ。

もちろん、こうした感じ方には、個人の人生の局面による主観が介入するものだが、そうした部分を差し引いても、社会を覆う閉塞感、多くの人々の心の底に残るわだかまりのようなものは、確実に、この数十年、じわじわと増しているといえるだろう。

それは、いよいよ「近代」という時代が終わり、新たな「中世」が幕開けする予兆なのか？　合理的な科学主義を推進することによって、コンピューターをベースとする社会のデジタル化が進み、ビッグデータが象徴するように、さまざまな数値化、数量化と、それに基づく代替可能性が社会を覆い、あらゆるものが合理化、機能化を進めてきた。グローバル資本主義の潮流も、ここ二〇年以上、その流れを加速化させる方向へと後押ししてきた。大きな歴史的潮流として見れば「ネット社会」が、「脳化社会」が、「グローバル資本主義」が……、それらの流れが渾然一体となり、激流となってもたらされる新たな局面のように見える。

数百年前に、「闇の中世」から「光のルネッサンス」の扉を開いたと人々が認識した時代、あるいは、日本では「文明開化」の時代に西欧の文物が流れ込んだ時に迎え入れた意識としては、「近代」とは「見通しの立ちやすい」「平等な社会」だったはずなのだ。

だが、それは行き着くところまで行ったということなのだろうか。今、逆流を始め、「再魔術化」などともいわれる時代が訪れようとしている。古くて、新しい歴史のステージが始まろうとしている。

時代の価値観の変化のなかに潜むプラスとマイナス、進んでも戻っても抱えることになるジレンマ……。

次章以降では、今という時代を、もっと丁寧に見つめていこう。

II　ジレンマは楽しめばいい——下り坂の時代との付き合い方

「ジレンマ」との付き合い方

ジレンマ。

今の日本社会に生きる人々に、これほどさまざまな形でつきまとう言葉もないのではないか？　安易に「閉塞感」と表現するのもはばかられる、やりにくさ、生きにくさ。新しいことを始めようとしても、あちら立てども、こちらが立たず。理想と現実のはざまで、苦労するのは若い人ばかりではない。多くの課題のなかで、人々は皆、スッキリできる解決策を求めている。もちろん、それは効き目のある、わかりやすいものでなければならない……。

しかし。ちょっとそこで待ってほしい。その「わかりやすさ」には、罠《わな》もあるのではないだろうか。簡単に「わかる」ことの危険性。「わかる」と思ったのはいいけれど、表層だけの理解にとどまり、むしろその後、誤った方向へと進んでしまう可能性。「わかった」と勝手に納得し、課題をそれ以上追求せず、そこで終わってしまうことの危うさ。

もちろん、「わかりやすさ」を求めることは大事だ。単なる趣味で、スノッブな晦渋《かいじゅう》さを求めてばかりで内容がないのは論外だろう。特にテレビというメディアは、本来多くの不特定多数の方々に「わかる」よう努力すべきもの。

しかし、再び、しかし。

事態を誠実に捉えて、できる限り、「正しい」選択を導き出そうと考えるのであれば、安易に「わかりやすさ」に飛びついてはいけないのだ。

『新世代が解く！ニッポンのジレンマ』は、二〇一二年の元日、ひとつの思考実験として始まった。


２０１２年新春、分裂するニッポン。〝逃げ切り〟を決め込む（？）中高年世代に異を唱え、20～30代の若者世代が中心となって徹底的な議論を繰り広げる、Ｅテレの新春を飾る、新世代・新時代・長時間討論番組。

テーマは「格差」。バブル崩壊後就職氷河期に直面、自己責任をつきつけられた世代である彼らは今何を思うのか？　彼らだからこその解決の糸口は？「貧困撲滅」「反失業」。この10月にウォール街からネットを通じて世界に広がる「格差是正」を求める動きは日本にも飛び火。矛盾を孕《はら》んだ時代にさまざまな二者択一を迫られるこの世代は、今年追い討ちをかけるように東日本大震災にも直面した。大きな節目、価値観の転換期に、彼らはどこへ向けて希望を語るのか？
ロストジェネレーション世代の自由闊達な討論をベースに展開。リアルな問題の背後にある本質的な構図を明らかにしていく。震災を契機に変わる価値観。大きな潮流を視野に入れ、ジレンマからの脱却を図る思考を共有することを目指す。中高年世代が知らない若者の実像も浮かびあがり、結果、世代を超えて、視聴者とともに、これからの時代を見つめ直すきっかけを提供する3時間。

当時の番組企画メモだ。「一九七〇年以降生まれの方限定です」。このフレーズのインパクトが強かったのか、番組は大きな話題となり、そして放送後の反響は大きく、この番組に出演された方々は、次々に他番組、新聞、雑誌など多くのメディアで発言を求められ、いわば「新世代論壇」が活況の様相を呈するにいたった。
番組は、このナレーションで幕を開けた。

二〇一一年一二月一〇日。この日、NHKは新世代のための〝解放区〟となった。まもなくここが、深夜にまで及ぶ討論の舞台となる。集まったのは、時代の先端をはしる学者、起業家、評論家など、日本の若き知性たち一二人。一二人にはひとつの共通点があった。それは、全員が「一九七〇年以降の生まれ」ということ。

一九七〇年……それは大阪で万国博覧会が開かれた年。よど号ハイジャック事件が起こり、そして、作家・三島由紀夫が自決した年。

あれから、四〇年余り……。僕たちは、何を得て、何を失ったのか？　バブルか、節約か？　変革か、現状維持か？　様々なジレンマに引き裂かれるこの国は、いったいどこへ向かうのだろう？　二〇代を中心としたオーディエンス一〇〇名が巨大スクリーンで討論を見守るなか、一二人の若き怒れる論客たちが、現代のジレンマについて徹底討論。

これは「ニッポン・バージョンアップ」に向けての試みだ！

一九七〇年が、なぜひとつの「切断の年」となったのか？　このナレーションでイメージしてもらえるだろうか。

戦後の高度経済成長がひとまずの達成を示し、と同時に、その急速な発展ゆえの歪みもまた露呈し始めた年……。まさに、「日本の光と影が交錯した年」だ。そして、その後、図らずも、この年以降に生まれた世代が社会に出ようという時に、世はすでにバブル崩壊、彼らはロストジェネレーションと呼ばれ、就職氷河期を経験することになるのだった。

彼らが同世代の議論のなかで、遠慮なく屈託なく話す時、その場で交わされる言葉は、多岐にわたりつつも、ひとつの色を滲《にじ》ませていた。そこでわれわれ制作陣は、議論のなかで言及される概念のそれぞれにコンパクトな脚注を施して紹介し、それは番組内でもガイドの役割を果たすことになった。

「格差」「グローバリゼーション」「日本的経営」「企業共同体」「社会的地位の非一貫性」「承認欲求」「民主主義の限界」「ケインズの美人投票」「政府と民間」……。

じっさい、今振り返っても、その後今にいたるまで向き合うべき事象、ジレンマの数々がすでにここに表出していると思う。これらは一例だが、斬り込んだ表現で、閉塞感が漂っていたこの国にさまざまな問題提起を試みた。

番組は、ネット上で圧倒的な話題となり、「民主主義」「資本主義」「教育問題」「国際関係」と、この議論から派生したテーマで議論を続け、月一の番組となり、今も続く。

しかし、そもそも「ジレンマ」を「解く」とはどういうことか？

「ロストジェネレーション」世代の叫びを世に届けたいと考えた狙いとは別に、もうひとつ、僕のなかには「隠しテーマ」とも言うべきものがあった。

地球とは宇宙の塵《ちり》からできたという。
そこより生まれし人間は、所詮《しょせん》はゴミの塊《かたまり》か。
ゴミにも光があるはずだ。
光は教養なるものか。
あふれるばかりの知の海を、２人の男が駆け抜ける。

かつて企画した『爆笑問題のニッポンの教養』という番組は、オープニングタイトルに乗せ、こんなナレーションから始まっていた。当時、時代遅れで、むしろ疎まれている気配すらあった「教養」という概念に、あえて光をあてようと、ディレクターたちとともに考えたレトリック。「ゴミの塊」が、自らを「ゴミの塊」と認めるべき視座があると認識できた時、「ゴミにも光」が生まれる……。

教養、文化、というものは、常にそうした「逆説」のなかにある。

ジレンマは解けなくていい

『ニッポンのジレンマ』。じつはこの企画のなかにも、この逆説の精神は息づいている。「新世代」が「ジレンマ」を「解く」のだ。

団塊世代が発する「頑張る」と、団塊ジュニアが発する「頑張る」の間には、さらには、現在の二〇代、一〇代の間には、いよいよ大きなニュアンスの相違が生まれている。そのはざまにある世代として、その差異も含め、今ある「時代の枠組み」を一度浮き彫りにすることと、まずはこの世代の声を世に出すことに価値があると考えたのだ。

そのひとつの試金石が、この『新世代が解く！ニッポンのジレンマ』という装置だった。その意味で、この番組は「世代論」でもあるけれど、単に「世代の主張」を世に知らしめることだけが目的だったわけではない。旧世代と新世代のあいだで、そもそも議論する土俵、わかりあうための土俵そのものが壊れていることを明確にし、その先の対話へと誘《いざな》う最初のステップだった。

目指すは世代を超えた、個と個の対話。年代、性別などの属性による色眼鏡で見ない、互いに変化を恐れない、自由で開かれた場を。

しかしそこへ進むためにも、まずは「世代論」を。ここにすでに「逆説」がある。人はわかりたい生き物だ。「逆説」といい、「ジレンマ」といい、簡単にすぐわかりたい人にとっては、苛立《いらだ》ちを呼ぶ、厄介《やっかい》な代物ではあると思う。

ちなみに「わかる」の語源は「わける」だというのだが、それは、人が「わかる」と発する時、自らの認識による仕切りを設け、その基準に拠って「わけている」からだという。つまり「わける」ことは、認識者の意識の基準の限界でもある、というわけだ。意識の作っている認識の壁が、「わかる」という行為の素晴らしさも生んでいるし、逆に「わかる」という行為の限界も生んでいる。

だから、自らの意識の壁を壊して混沌に落ち、「わからない」海に溺れることも、「わかる」のと同じぐらい大事な行為なのだ。「わからない」状況でもがき、それを楽しむこと。その「ジレンマ」を潜り抜けないと、新しい世界は見えてはこないはずだ。

『爆笑問題のニッポンの教養』の冒頭のナレーションには、幻の「二番」がある。

人間は、矛盾のタバだと、人は言う。
意識と無意識、引き裂かれ、

妄想、枯野を駆け巡る。

矛盾は、消えるものなのか？　救いは教養なるものか？

理性と感情の綱渡り、2人の男が駆け抜ける。


人間の存在の根本にあるジレンマ。意識と無意識、理性と感情、精神と身体……。そこには、永遠に越えられない二元論がある。その根源的なジレンマを自覚したうえで、現在の、現実のジレンマと向き合う。

それはいつも、活字と映像、言葉と映像という二元論のはざまで表現する葛藤を引き受けているはずのテレビプロデューサーにとっては、じつは日常の延長線上にあるべきことなのかもしれない。

ジレンマと戦うのではなく、受けとめ、見つめる覚悟を持つこと。気負うことなく、付き合っていくなかから、必ず光は射してくる。ジレンマは楽しめばいい。

「逃げてはいけない」という神話

二〇一六年の夏、ひとつの新聞投稿が、話題となった。

「逃げ」　　宮城県名取市　森田真由　13

逃げて怒られるのは
人間ぐらい
ほかの生き物たちは
本能で逃げないと
生きていけないのに
どうして人は

「逃げてはいけない」

なんて答えに
たどりついたのだろう

（『産経新聞』２０１６年７月28日）

一三歳の中学生が書いた、一編の詩。

幸か不幸か、「逃げてもいい」と言われて育ったアマノジャクな中年の僕には、ニヤリとさせられる文章だった。感受性豊かな、面白い発想をする少女が、どんなことを思い描いていたのか、もう少し聞いてみたくなる。

しかし、それより少々驚いたのは、多くの大人たちがこの詩を絶賛し、ちょっとした話題になったことだ。

確かに、一般的に近代の日本の学校教育では、「逃げないこと」「我慢」に、大きな価値が置かれてきた。集団のなかでは「ワガママ」は許されない、そして「ガマン」をしていれば良いことがある。「ガマン」して勉強した人が、いい学校に行って、いい会社に入って、いい人生を送れる。

いまさら繰り返し確認するのも滑稽《こっけい》に感じられるほど、前提として強固に根づいている教育の背後にある論理だ。もちろん、昭和の時代の受験競争から大企業への就職という、一元的な産業社会に向かう大きな流れはかなり解体し、さまざまな試行錯誤が教育現場で始まっていることも十分承知している。だが、この「逃げてはいけない」論理は、強固に、多くの人々の胸の内に刻み込まれていることだろう。

しかし、そんな時代は終わったはずだ。「ガマン」していても、そういいことはない……。皆がどこかで気が付き始めた時代……。「欲望の遅延」という原理を越えて、ある「納得感」を伴って人生を選択していくには、どうあるべきなのか？

じっさい「『逃げる』ことは癖になる」「逃げずに立ち向かえ」「がんばれ」という言葉は、ずっと社会を支配していたものだと思う。そして「敗者復活戦」がないことは、この国の大きな特色だったともいえる、残念ながら。

だが、そうした「ガマンしたことによって得られる安定」と引き換えに、人々の心を縛る社会の方に、徐々に綻《ほころ》びが見えてきた。それはある意味、「逃げてはいけない」呪縛から解放されるきっかけともなりうるのだ。

「逃げてはいけない」。それは、多くの大人たち自身に強く埋め込まれている強迫観念だ。

「僕は今でも、受験勉強はクソだったと思っていますよ」

『ニッポンのジレンマ』で「教育のジレンマ」を取りあげた際のこと、スタジオゲストの一人、思想家・東浩紀さんの言葉だ。そして、忌々《いまいま》しそうに、こうも言葉を連ねた。

「ですが、僕の階級上昇にも役だっていることは事実です」

つまり、「ガマン」することで、「優秀」な学校にも入れ、将来の「安定」も保証される、逃げずに受験勉強をガマンしたおかげで約束された将来、というわけだ。東さんのように、東大大学院卒業後は独自の道を模索し続ける知識人の述懐だからこそ、興味深いものがあった。

確かに「ガマン」の後の「報酬」のため、人は頑張る、逃げずに。今も、近代的な教育制度が、ある意味、「欲望の遅延」を原理にして動いていることは、否めない一面の事実だ。だが、そのこと自体が、ある種のいびつな「欲望の遅延」を内包していないだろうか？ 自分もガマンしたのだからお前もガマンしろ、みんなガマンしているのだからお前もガマンしろ、という悪しきループだ。

じつは、それはすべてを繰り延べ、棚上げしていくことで、なし崩しにしていく論理であり、その奥底には、何より自分がガマンしている、自分が「逃げない」でいるのだから、という心理が機能していると言わざるをえない。こうした、歴史的な、社会的な無意識の抑圧とも言うべきものが機能することで、「逃げてはいけない」社会ができていく。

もちろん、安易に「ガマンするな」「逃げてもいい」と主張しているわけでは毛頭ない。

ただ、注意深く、教育の本質、物事のプロセスを見つめ直し続けることが必要なのだ。「世の中、生きていくために『ガマン』していれば、『ご褒美』がもらえるよ、『ご褒美』をもらうためには『ガマン』が必要なんだよ」と、自分を偽《いつわ》って生きている大人の言葉に簡単に乗ってしまうことの危険性も、頭の片隅に置くべきではないか、と思うのだ。なぜなら、「あなたのため」と善意で助言していると信じている人は、皮肉なことに、じつは自分自身をどこかで欺《あざむ》いてしまっている可能性に気づいていないことが多いからだ。これこそ、降りられないラットレースだ。

「頑張ればいいことがある」時代は、終わっている。「逃げてはいけない」わけではない。もちろん「逃げればいい」わけでもない。

この宙吊りのなかで、考え続けることこそ、苦しくもあり、しかし、じつは快楽にもなりうることなのだ。

バブルのジレンマから三〇年越しの「問い」

それにしても、ネットに書店に、おびただしい主張があふれる状況にあって、さらにそのなかに新たな言葉を表現の大海に送り出そうという行為自体が、もはや暴挙となりかねない時代に、あえて「愚行」を犯そうとしているのは、なぜか？

こんなことを自らに問いかける気分になることもある。それは、単なる自己顕示欲ではなく、社会の木鐸《ぼくたく》たらんという時代錯誤の誇大妄想でもなく、この同時代に生きる人々の眠る想いとの対話を試みたい、日本の世間というものに渦巻く捉えどころのない空気に補助線を引き、その輪郭をスケッチしてみたいという想いだ。

そして、さらにもうひとつ、重要な動機が潜んでいる。それは、きれいな物語に回収されてしまうのではない、この時代の手触り、その時代に向き合うなかで生まれるリアルに、きちんと言葉を与えておきたいという想いである。時代のリアリティというものは、時の流れのなかでいつの間にか風化していくということ、また時代時代で、さまざまなリアルの形がじつはあるはずだということについて、伝えておきたいという想いともいえる。

じっさい、三〇年も経つと、歴史は「作られて」いく。たとえば、八〇年代。さまざまな大文字の事実としては、記録や紋切り型のイメージは喧伝され残っても、そこにまとわりついていた人々の想い、無意識のなかに巣食っていた心理などは、忘れ去られていくものだ。

その結果、本当に大事な何か、人々の生きる方向性を決定していた時代の枠組み、空気の力学のようなものの記録は、意外と残らない。

残された記憶、感覚を頼りに、当時のリアルを反芻《はんすう》する時、さまざまな時代の手触り、想いの断片が蘇る。ノスタルジーなどではなく、反復する時代を適切な遠近法でリアルに捉え返しながら、同時に自らの心の底に封じ込めている想いを解放させることで、何が見えてくるか。

『欲望の資本主義』。じつはこの企画シリーズも、三〇年以上前に刻まれた原体験がモチーフとなっている。

世界の経済界の最前線を走る経済学者、アナリスト、投資家らに、「資本主義とは何か?」「利子とは?」「欲望とは?」……と、根源的な問いを試み、それに対する答えをきっかけに、時代の背後にあった「欲望のルール」を炙《あぶ》り出そうという試みは、まさに時代の潜在的な欲望に応えることとなり、大きな反響を得た。

この企画、もちろん今の時代に呼応した企画で、成長が望めず、「終焉」すら叫ばれる資本主義の状況を鑑《かんが》みての発案だったわけだが、さかのぼれば、大学時代の僕自身のやるせない想いのなかに、その萌芽がある。

「八〇年代バブル期」と言えば、今の二〇～三〇代の方々には、日本経済の黄金時代、社会は一〇〇パーセント明るい空気に満たされ、人々が大衆消費を享受した輝かしい時代だと、反射的に思う方も多いのではなかろうか？

じっさい、人々がディスコで踊る映像ばかりが引用され、イケイケの良き時代というイメージばかりが紋切り型で喧伝されることになりがちだ。確かに「ジャパン・アズ・ナンバーワン」と讃《たた》えられた国の空気が悪いわけはない。

だが、その空気、すべての人々にとって歓迎すべきものだったかというと、疑わしいように思う。少なくとも、僕のように、地方から上京、目もくらむような高度な消費社会のなかでわずかな仕送りで大学生活を送り、卒業までに何らかの生きていくための手がかり、糧を得なければならないと思う人間の目には、そう「明るい」「お気楽」なものではなかった。

豊かさのなかに生まれた「同調圧力」は、人生の選択にも「圧力」をかけていた。会社は「終身雇用」「年功序列」「新卒一括採用」が常識、「寄らば大樹」を志向するなら大企業に入らねば……。八〇年代初頭にはＴＢＳドラマ『ふぞろいの林檎たち』が大ヒット、偏差値で序列化された社会の現実に直面する若者たちのやるせなさ、悲哀が描かれた。その後も「二四時間戦えますか?」と問いかけるＣＭコピーが、バブル時代のひとつのアイコンになった。

つまり、経済の論理が圧倒的優位のなか、まずは企業戦士となること、「エコノミック・

アニマル」となる決意をすること……、これが食いっぱぐれずに日本社会で生きていくための条件と見えていた。そして、その現実を受け入れ、黙々と産業戦士となっていくかに見える同世代たち……。

何事も、調子が良く見える時は、余計なことを言うな、波に乗れ、という空気が支配するものだ。空前の経済力を世界に誇示する日本経済のありよう、世界に冠たる国際都市TOKYOに漂う気分は、地方から出てきた一学生の身には、なんともプレッシャーでもあった。「バブル」というものは、不思議な逆説に満ちている。その内輪にいる人間たちは気付かないものであり、それが弾けた後で、事後的に命名されるものなのだ、常に。あれが「バブル」だったのだと。

そしてその熱病の渦中にある空気は、なかなか個々の人間に「主体的」な判断を許さない。まさに欲望の資本主義、「やめられない」「止まらない」空気が支配し、個々の人間は降りられないのだ。

消費されないために渉猟した日々

バブルの空気に抗《あらが》って、僕の「渉猟《しょうりょう》」の日々がはじまった。「こうした時代の空気への対抗策はないのか」「何か自らを支えるものを」「バブルの渦中にあっても、あるいはそれが過ぎ去っても、導きとなる何かを得なければ……」。経済学を中心としつつも、さまざまなフィールドの知を自らの生き方の糧とすべく、流浪の学び人となる。

そんな時に出会ったひとつが、野地洋行教授による「社会思想」。母校慶應義塾大学日吉キャンパス、経済学部の一般教養科目だった。

番組『欲望の資本主義』のひとつのクライマックスは、「経済学の父」アダム・スミスは間違っていたという、ノーベル経済学賞受賞の碩学《せきがく》ジョセフ・スティグリッツによる大胆な問題提起にあった。その発言の真意をめぐって、番組はダイナミックに展開する。

すなわち、市場原理の基礎となる「見えざる手」の〝発明者〟とされるアダム・スミス。だが彼には『道徳感情論』という著書もあり、人々の心の内に物質的「欲望」のみならず、「共感」という感情を見出していた、という種明かしも出てくるのだが、この番組のコアとなったこの事実も、じつは大学時代のこの講義での記憶に拠っている。

さらに拙著『すべての仕事は「肯定」から始まる』にも書かせていただいたが、「見えざる手」の結果生まれる「division of labour」も、「分業」などと訳すべきではなく、「労働の分割」と訳すべきで、「人間の営みたる労働こそを、分かち合うという思想なのだ」という教えを深く胸に刻み込んでくれた講義としても、思い出深い。

　こうした経験に味をしめたというべきか、他大学も含めて、僕はさまざまな場へと出没するようになった。単位にならない講義ほど、むしろ頭に入る。人間とは面白いもの、履修しているという義務感から解放され、冷やかし半分で覗《のぞ》く講義の方が楽しめてしまうのだ。スリリングな知見を語ってくれる教授の講義に、ミュージシャンのライブのような軽い興奮を覚えていたのかもしれない。大衆消費社会の大波のなか、自らが「消費」されないための「渉猟」だった。

　東大駒場のキャンパスでは、当時東大の文I文IIの学生対象であった教養課程のミクロ、マクロの経済原論にももぐりこんだ。岩井克人、西部邁という教授陣から漏れる発想のフラグメントをつかまえたかったのだ。

　のちに『不均衡動学の理論』（岩波書店）として世に出ることになる論文で、市場原理が抱える本源的な不均衡を、さまざまな人文系の思想にも越境しながら構想していた岩井さん。また、『大衆への反逆』（文藝春秋）などで、大衆社会状況への批評、言論を展開していた西部さん。ちなみに、岩井さんが『ヴェニスの商人の資本論』（ちくま学芸文庫）を上梓し、また西部さんが『朝まで生テレビ！』の常連となり、お二人が幅広く人口に膾炙《かいしゃ》するような言説の世界に歩みだされる数年前の話だ。あえてアカデミックな枠組みにとどまりながら、ラディカルな問いかけをし始めた頃だったと記憶する。

「専門」に対しておそらくはある種のもどかしさを感じながら、しかし自らの役割を自覚して、スタンダードな「近代経済学」の理論を東大生たちに講じる、そんな状況のなかから漏れてくる肉声。「正統」と「異端」のはざまで揺れながら紡ぎ出される言葉こそ、スリリングなものだろう。そしてそれこそが、自らが感じる切実さに応えてくれる可能性を孕んだものとなる……。迷える小生意気な学生は、そんな期待を胸に、駒場キャンパスにもぐりこんでいたのだった。

「さて皆さん、こうして私が一年かけて講じてきた経済理論も、いわば砂上の楼閣であり、早晩夢のように消え去るのです。近代経済学が単なる数字をめぐる物語であることを皆さんも実感する時がくるでしょう」。これが、西部さんの「経済原論」最終回の締めくくりの言葉だと記憶する。これから日本経済の中心で経済理論を駆使しようという学生たちに対し、なんとも大胆な宣言だが、これに対してまた彼らが瞬時に発していた違和の表明も、生々しく鼓膜に残る。これも時代の空気を肌で感じた一場面ではある。

ちなみに、「経済とは数字の物語」という言葉、今回の『欲望の資本主義』番組内でも遭遇した。かつての西部さんと同じセリフが、「資本主義をインストールした国」＝チェコの奇才トーマス・セドラチェクの口から漏れたのも、感慨深かった。

西部さん、岩井さんに限らない。常に刺激的な論考、新たなフレームを提示し続ける知性というものは、既成の枠組みからはみ出し、越境していくのだ。しかもそれは、奇を衒《てら》うことを狙うのではなく、その「内側」にある根本の原理、土台を掘っていったがゆえに、いつの間にか「外側」に出てしまうのである。ある境界線を越えてしまうのだ……。スミスも、ケインズも、マルクスも、シュンペーターも……。

これこそ経済学が、あるいは形而上の学問というものが抱えている、パラドックスだといえるのかもしれない。そしてそのパラドックスを引き受け、その楽しさこそを、生きる原動力としようと誓った場が、日吉であり、駒場だった。

こうした悶々たる日々を経て、番組制作の現場で格闘する日々が始まり、あっという間に三〇年。いまだあれこれさまざまなジャンルの表現に携わるのだが、この間、問題意識の持ち方はじつは変わっていないのかもしれない。バブルという時代が抱えていたパラドックス、学問というものが孕むパラドックス、そして人間のパラドックス……。こうした不思議と、時に正面から向き合い、時に斜めに読み解きすることで、番組という形を成立させてきたように思えてならない。

日吉で、駒場で、走りながら考え続けた想いをそのまま抱え、映像で、言葉で、問い続けている。このある種、ジャンルをはみ出していくようなアプローチが、パラドックスと付き合う作法が、今、経済学をはじめとするさまざまな学問で切実度を増す時代がやってきたのかもしれない。じっさい「近代経済学」に付された「近代」、そのありよう自体が揺れている時代でもあるのだから。

資本主義とは？ 利子とは？ 利潤とは？ 価値とは？ そして、欲望とは？

こうした古くて新しい問いかけは、時代とともに不思議な変遷を遂げていく。そして今、時代は巡る。思いも寄らぬ屈折した局面を見せる……。「上り坂」から「下り坂」へ。資本主義の先行きが霧のなかにある時代に、いつの間にか、三〇年以上前の問いかけが、妙なリアリティを帯び始めているのかもしれない。

最も高度に発展した途上国？

人口減少、地方創生、大学改革……。この右肩「下がり」の時代をどう生きるか？

『ニッポンのジレンマ』でも、嫌というほど繰り返された問題提起だが、あらためて、状況確認から始めていこう。

西欧的な近代化を「斜めに」通り過ぎ、今、ポスト産業資本主義の潮流に直面し、いまだ試行錯誤を繰り返している国、というのが、日本についての僕の基本的な認識だ。

日本は、アジアで唯一西欧的な工業化、近代化に成功した国と、長いあいだ思われてきた。もちろん、これは一面の事実。八〇年代のバブル期に象徴されるように、優れた製品を輸出する、小さな「経済大国」として、「日本的経営」の名声とともに世界的に評価されたことは記憶されるべきことだと思う。

しかし同時に、この間、「経済」の論理が優先され、ともすれば「政治」的課題は後回し、またさらに、「文化」の本質についての理解がおざなりになったと言わざるを得ないのではないだろうか。

戦後の廃墟から、まずは豊かさを求めて高度成長を目指すべく進められた、重厚長大型の工業化、産業化。そこでは、昨日より今日、今日より明日と、物質的な豊かさを求めての成長が追求され、その原動力として受験競争も過熱化する。その競争を勝ち抜いた多くの産業戦士が、日本独特の「サラリーマン」という存在となり、経済戦争を戦っていく、という図式。諸外国からは奇異に見えたその姿は、「エコノミック・アニマル」とも揶揄《やゆ》された。

「頑張れば、報われる」。給料日のたびに、待ちかねた電化製品が揃っていく。そうしたことの積み重ねが、素直に幸せだっただろうことも否定しない。じっさい、一九六二年生まれの僕でもうっすらと記憶にある六〇年代は、洗濯機がやってきて、白黒テレビがやってきて……、物質的な環境変化による庶民の喜びは、体感で覚えている。

確かにこうして、日本は「経済」的に豊かになった。それはもちろん大事な果実だ。しかし、その工業化、産業化の過程で、その科学技術文明を可能にしている合理的思考や、さらにその背後に潜む理念まで体感し消化して、「日本的な近代化」を実現することができたか、といえば疑問が残る。

そもそも「近代化」とは何か？　さまざまな定義が可能な言葉だが、その中心には、「数量化」「代替可能性」など、科学的な普遍性を成立させる思考があり、それとともに、「主体」として自立した個人が「市民社会」を形作る理念も息づいている。「中世の封建制から移行した次の歴史的な段階」であり、「合理的」「科学的」な価値観が重視される時代への移行であったことも、忘れてはならない事実なのだ。

科学技術を支える哲学、論理、思考にまで、想いを馳せること。物質的に人々が豊かになっていくさなかで、その可能性と限界を考えることも重要だったということも、きちんと記憶にとどめておきたい。

　日本はなくなって、その代わりに、無機的な、からっぽな、ニュートラルな、中間色の、富裕な、抜目がない、或る経済的大国が極東の一角に残るのであろう。

（三島由紀夫『産経新聞』昭和四五年七月七日夕刊）

　僕は決して、三島の心酔者ではないし、大上段からイデオロギー的に、高度成長期の「近代主義批判」を展開したいわけでもない。しかし七〇年代という、六〇年代の成長を経て、大阪科学万博に日本中が沸くなかで、一人の作家が日本の変容に耐えかねるメッセージを残し自決へと走った事実も忘れたくはない。

　よく、日本人は「民主主義」の概念がわかっていない、歴史のなかで民衆が勝ち取ったものではないから血肉化していない、などという批判が繰り返されてきたわけだが、その問題の根本を掘っていくと、さらに文化の源への問いに発展する。西欧人が感じ考えるところの「主体性」という概念から、あやふやなところに突き当たるように思うのだ。

　ヨーロッパ、たとえばフランス・パリのゴツゴツとした石畳、教会の堅牢な壁、そうした道、建造物と対峙《たいじ》するように自らの存在について問うことが日常のなかにある人々と、日本の多くの街並みのように、数十年すればまた新たな建物ができあがり、いとも簡単に新陳代謝していく空間に暮らす僕らとのあいだには、明らかに断絶がある。

そして今、「工業化」の論理には見事に適応してきた国が、「ポスト産業資本主義」、つまり、第三次産業を主体とする付加価値の時代、サービス、アイデアから価値を生む時代に苦戦している。「政治」「文化」、さらには「思想」「哲学」……、「経済」の論理の背後にあった、ものの見方、考え方、市民社会のあり方などに、正面から向き合ってこなかったツケが今まわってきているのだとしたら。近代化のなかの、物質文明の部分だけを都合よく学び、その背後にある文化的な土壌までしっかりと体感で認識できていないとしたら……。

そこに、なんとも複雑な想いを抱く。二〇一四年元日に放送された『ニッポンのジレンマ元日スペシャル』で「この国のかたち」を問われた時、スタジオの歴史学者・與那覇潤《よなはじゅん》さんが口にした言葉が今も忘れられない。

「最も高度に発展した途上国」。それは簡潔にして、噛みしめるべき言葉だと思う。

「サブカル大国」の光と影

しかし、こうして幸か不幸か「西欧的な近代化」に正面から取り組まなかったからこそ、そこにある種の文化の雑種性が生まれてきたことは、評論家の加藤周一さんをはじめとする知識人たちが指摘してきた通りだ。「和魂洋才」のいいとこ取りの精神は、奇妙な陰影を生んだ。そしてそれが結果として、「サブカル」というジャンルを生み、「オタク」を世界語にまでさせた原動力なのかもしれないと言ったら、驚かれるだろうか。

文化立国といえば、この国では、かつてはフランスを思い浮かべるのが一般的だった。近年ではグローバル化のなかで、国内の分断も叫ばれ、以前とは少々異なる状況にあるフランスだが、そこには「文化」もまた「政治」的に使うことを意識させるような戦略性があった。「華の都」パリは、大いなるイメージ戦略の努力で維持されていたものだったといえる。さらにそこには、政治と、それに対する批評の文化という、緊張関係があるのだ。「フランス的中庸」という言葉があるが、それは単に、足して二で割ったような平均のことではない。伝統と革新が、政治の論理と文化の論理が、つねに水面下でせめぎ合うような、緊張感を孕んだものだったのである。それは、日本にはない力の均衡だ。

一方、この日本にあっては、そもそも、「文化」というものが、「政治」「経済」などが当然のごとく重要視された後で、添え物として末席に置かれるような状況が続き、さらに、「文化」という言葉に、「音楽」「美術」「文学」などの既成のジャンルを当てはめるのみで終了してしまうという時代が長らく続いていたといわざるをえない。

そうした、ともすればお行儀よくおさまりがちな文化状況の捉え方に対して、そんなことはない、「サブカルチャー」も重要視されている、クールジャパンの原動力ではないか？とおっしゃる方もいることだろう。しかし、「メインカルチャー」に対する「サブカルチャー」とジャンル分けをしている時点で、ある種の「制度的」な思考に陥ってしまうのは、じつに残念なことだと思う。

「文化」のダイナミズムとは、むしろ「メインカルチャー」「サブカルチャー」というような、安易な分類を拒む精神のなかにこそある。現状を常に相対化するツールこそが「文化」だと、新たな定義を与え直すところから始めた方がよいのかもしれない。その作品を味わうことを通して、自らの立ち位置を、時に確認、時に懐疑する……いずれにせよ、自らの存在、価値観に揺さぶりをかけられることこそが、芸術作品の重要な存在意義なのだ。

二〇世紀を代表する美術評論家クレメント・グリーンバーグは、これを「主体の分裂」と明晰に定義している。つまり、理性による論理的な理解とは矛盾し、理性でわかることを超えて、存在として心が揺れる、ある種の分裂を抱えるものこそが芸術だというのだ。

なぜ、ここに僕が危惧を抱くのか？　日本の場合、この「分裂」の緊張感がないままに、手段がいつの間にか目的化してしまい、そこに猛進する社会だからだ。そしてその結果が、ジャンル化された「サブカル」というタコツボを生んでしまっているとしたら、少々残念なことだと思うのだ。

「ムダ」の集積だからこそ、人生は豊かだ

こうした「サブカル」礼賛の一方で、「人文系」といわれる学問分野に風当たりが強くなったのも皮肉な気がする。

自然を相手にする「自然科学」に対して、人間や、人間の所産を扱う「人文系」は、客観性、実効性などにおいて、どうしても旗色が悪いイメージがある。ＩＴ化が進み、なにごとも、ビッグデータ、科学としてのエビデンス、証拠となるデータなどが真理を語る時代に、どうも「使えない」「役に立たない」というわけらしい。

なるほど確かに、「更新」されていかない「人文系」、十年一日のごとく同じテキストをただ読み上げるような哲学の講義があったとしたら、「ムダ」と烙印を押されてもいたしかたないのかもしれない。

だが、そこで、少し立ち止まって考えたいのだ。その「ムダ」と宣告をする人は、逆に「役に立つ」ということを、どう定義しているのだろうか？　あるいは、こう言い換えても良いのかもしれない。「役に立つ」のは、どこまでを射程に入れて考えたうえで生まれた判断なのだろうか？

歴史を大きな文明論的なフレームで見れば、科学技術の輝かしい成果で問題を解決し、切り開いてきた時代があったことは疑いようがない。一八世紀イギリスに始まる産業革命は、世界へと広がり、二〇世紀の工業化社会が世界を覆い、その果実のおかげで、二一世紀の現代社会の繁栄があるのも確かだ。さまざまな移動の時間、情報のコストなど、すべてが大幅に短縮され、「豊か」で「便利」な世の中が生まれたことは否定すべくもない。

しかし、人間の思考、心、感情は、そうした大変化に追いつくような更新を果たしたといえるだろうか？　科学技術が可能にした革命的なスピードに疲れを感じる人々も生まれ、「降りたい」と無意識で願う人々も少なからずいるように思う。さらにいえば、「降りたい」のに「降りられない」というジレンマに苦しむ人々も増えているように感じられる。

「やめられない」「止まらない」資本主義の性質が、技術の発達、革新的なイノベーションを後押しして行き着いた現代社会。そこにはもちろん可能性もあるが、限界もあるわけで、こうした発想が『欲望の資本主義』という番組へと結びついたことは先にも記した。「可能性」と「限界」とが、常に併存していることを認識する必要がある。

ムダでしかないのかもしれない人間という存在と、ムダの集積である人生という代物の本質を考えてみることは、決してムダではない。

「一周遅れ」の新しさとは?

たとえば、「一周遅れのトップランナー」という表現がある。普通は、時代遅れとしてネガティブな意味で使われるこの言葉も、繰り返す歴史の波を考えれば、そこに肯定的な意味も見出せるかもしれない。六〇年代風のファッションが、七〇年代風のデザインが、八〇年代風のスタイルが……、その後九〇年代に、ゼロ年代に、そこに少しだけ時代を潜り抜けたテイストが加味されて、新たな意匠となってよみがえったかに思える現象に、幾度となく出会った。

さらに、日本という、ねじれを抱えつつ、同時に長い歴史を持つ国であればこそ、なおさら考えてみるべき言葉だともいえる。いたずらに「変えること」「改革」「変化」ばかりに目が行き、飛び付いてしまうことで、守るべき良質なものを失ってよいのか？　そこは丁寧に見極めなければならない。本当に目指されるべき新しさとは、なんだろうか。

「ほしいものが、ほしいわ。」

これは、一九八八年、バブル最盛期の西武百貨店のコピー。糸井重里さんによる、一連の名作コピーのひとつだ。それになぞらえれば、現代は、さしずめ、

「見たいものが、見たいわ。」

ということになるのだろうか。お客様本位の時代、マーケティングによって、視聴者の方々が「見たい」ものをしっかり把握し、番組化してお届けする。もちろん、それは大事な基本かもしれない。

しかし同時に、その「見たい」という論理ばかりが表層の理解で優先されることに、危ないものを感じる。「視聴者本位」が叫ばれるほどに、なんとも複雑な想いに駆られるのはそのせいだ。

見る人が「見たい」というもの、「見たい」と言葉にするものは、本当に「見たい」ものなのか？　近年のネットによるビッグデータによるマーケティング調査にケチをつける気な

ど毛頭ないが、その背後にあるものを読み取り、考え続けなければ、本質を見失い、表層のみの分析に留まるマーケティングの論理は、形骸化していくだろう。

　映像の大きな魅力のひとつは、「図らずも」映し出してしまうことにもある。つまり、撮る側も見る側も自覚できていないことが伝わるダイナミズムというものがあるのだ。その意義まで拡張して考えると、時に映像を送りだす側すら、最終的なすべてを把握しきれていないままに、表現はなされるのである。

　当然のことながら、番組の狙い、テーマ、対象はもちろんある。だが逆説的にいえば、作り手が気づいてもいないものを、勝手に視聴者の方が発見する可能性に対して、いつも心していなければならない。そしてその時、作り手がまたその反応によって発見させられる。「図らずも伝わる」という現象にある豊かさにこそ、注目すべきなのかもしれない。

　すべてを繰り返しのサイクルと捉える。そうした発想に立つ時、あらゆるフィールドが活性化し、「新しさ」も発見できる。たとえば、人文系の学問、「文学」なら「文学」というものも、閉じるのではなく、むしろ、あらゆる領域を「文学」として読み解き、過去の膨大な作品の実験の歴史まで視野に入れた時、可能性が広がる。

　その時、「文学という方法」は、ＡＩと共に歩む実践的な学となるのかもしれない。どちらも共に、人間とは何か？　その本質を追究する精神に支えられた学問分野だからだ。

資本主義と民主主義は両立するか？

ある時代を生きた実感のなかで育まれる概念は、やはり強い。否、時に純粋な思考実験をする時には邪魔になることもある。それは、観念と経験のジレンマと呼ぶべき状況だろうか？

あるイベントで、若い世代から面白い質問を受けた。「資本主義と民主主義は、同時に追求できるか？」というものだ。

トランプ大統領の誕生など、さまざまな国際情勢の変化、経済のグローバル化とそれにストップをかけるような動きが、こうした問いを生んだのだと思うが、これも、冷戦時代を経験している世代には、むしろ新鮮な驚きを生むものではないだろうか？

資本主義は、市場における「自由」を保障するもの。そして、政治的な意志表明での「自由」を保障するものが、民主主義だ。つまり、「自由」という概念が資本主義と民主主義をつなぎ、さらに言えば、「自由」の経済的な表現が資本主義であり、政治的な表現が民主主義だともいえる。そう考えれば、両立もなにも、二つの主義は二人三脚のはずではないか？

しかし、そんな認識も、冷戦時代、社会主義の超大国という存在を意識した日々を過ごしたからこそのものと、気付かされた質問だった。海の向こうの社会主義の国々が、「平等」を標榜、その実現のために「統制」が原理となっていたことによって、「自由」との対照が際立ち、ある種の共通認識が生まれていたというわけだ。つまり、ソ連という国の存在感を感じていた時代、僕らはあえて考えることもなく、「自由」のなかにいたともいえる。

もちろん、社会主義と民主主義の両立は不可能ではないと、経済学／社会学の巨人たるシュンペーターも言っていることを、理論的には知っている。しかし、人は経験のなかで概念を対比させ、自らの状況を位置付け、イメージする。対比において物事を理解するという人の生理からすれば、ここはやはり同時代経験が大きいということだろう。そして、その対比する対象物には、バーチャルなものも含まれる。

人は、バーチャル空間を必要とする。とりわけ日本人は、常にいつの時代も、そうした精神を漂白する装置としてのバーチャル空間への意識、想像力を磨いてきたのではないだろうか？

そして、その構造に着目して大胆に想像を膨らませれば、近世の茶室のわびさびにもそれは見出せる。常に襟を正し、緊張感を張り巡らす空間、対象を作ることによって、精神の均衡を保ってきたのだ。

異空間の存在が生む緊張。そうした見方をすれば、先の東西冷戦の時代、「社会主義」というイデオロギー世界は、奇しくもその機能を果たすものであったともいえる。人々は核戦争に怯えつつも、まったく異なる論理で社会を運営する東側の政治、経済、文化、鉄のカーテンの向こう側のオルタナティブにさまざまな想いを孕みつつ、意識を高めざるを得なかったのだ。実に皮肉な話ではある。

じっさい、現在のクールジャパンの原動力は、ファンタジーだ。世界を席巻するサブカルチャーの中心にあるのは、捉えどころのない想像力なのである。表面では生真面目を装い、おとなしいと思われている、なぞの微笑みを湛《たた》えた日本人から生み出された、得体の知れない記号が、世界の人々を惹きつけている。

のっぺりとした空間に、それぞれの島宇宙（宮台真司）が点在し、いまだ「終わりなき日常」（同）が続くかに見える現代ニッポン。震災、原発問題などは一時的な緊張をもたらしたものの、依然、日常は終わらない。

そしてその一方で、ネット空間には、ある種不思議なアナーキーさが広がっている。それは、人間の欲望、欲求という、原初的な本能にもつながる話だ。

欲望が浮遊する社会で

たとえば、人間はさまざまな欲求を抱え、それを満たすことで生きている。食べたい、眠りたいなど、本能が呼び起こす欲求。生物は、それが達成されないと死んでしまうだろう。

そこに、もう一つ、欲望という言葉も思い浮かべてみよう。欲求と似ているが、考えてみると、こちらはその内実がかなり異なる。欲求が本能として個体の生存のために必要なものであるのに比べ、欲望は、文化のなかに埋め込まれ、社会的に引き起こされていく性質のものだ。

今、「水分を摂取したい」という人がいたとしよう。それは、砂漠のなかを放浪し、なんでもいいから水分をとりたいという状況のなかでの言葉であれば、切実な「欲求」だ。しかし僕らが暮らす文明社会では、そうでもない限り、多くの場合、「欲望」の範疇《はんちゅう》ということになる。純粋にその味覚に惹かれ、飲みたいと思う意識は、社会のなかで「消費行動」というかたちをとっていくなかで、さまざまな意味合いを発生させていくのだ。

「水が飲みたい」「コーヒーが飲みたい」「ビールを飲みたい」「ワインが飲みたい」……。

それらはすべて、単なる欲求ではなく、その人を取り巻く社会環境が二次的な意味を生じさせ、「欲望」となる。

その時、この「欲望」には、さまざまな記号がまとわりついている。たとえば、「ワインが飲みたい」と言えば、日本では最近でこそ廉価なものが出回っているが、まだ「高級」、またそれに付随して、「伝統」「格式」「異国趣味」……多くのイメージが喚起されることになる。さらに、もう少し具体的な状況設定としても、デート、商談、会合……、いろいろあるだろう。こうした人間社会の場ゆえの力学が、さまざまな複雑な欲望の形を生むのだ。

しかし、近代経済学のなかでは、すべては「需要」という概念に凝縮されてしまう。ここに「近代科学」の普遍的な素晴らしさ、可能性と同時に、生まれるすり替え、ある種の認識の「錯覚」のようなものが見えてくるのではないだろうか？　そのことがまた、現代社会のなかで生きていく時のねじれのきっかけのように思える。

目的と手段はしばしば逆転する

市場は、自由のためのツールに過ぎない。成長はマストではない。優先順位は明らかに自由にある。……この主張が明確だったのも、じつは冷戦体制下の時代、社会主義という「仮想敵」がいたからであり、政治的に「自由主義」であるために、経済的に「資本主義」があると、セットで考えられていた時代だったからこそ、実現していたバランスだったといえるという話はすでにした。

こうした逆説を考えるのに最もふさわしい「教材」のひとつが、二〇世紀経済学の巨人ケインズの著した文章だ。

ケインズという人物の、実像をつかむことの難しさ、天才ゆえの伝説は、枚挙にいとまがない。インテリ家庭に生まれた典型的秀才としての顔を持ちながら、市井の人々のじっさいの経済活動にも大いなる関心を持ち、高尚な倫理学、美学に浸りつつも、アカデミックな枠組みだけでは満足できずに大蔵省で行政能力を発揮する……、とまあこう書くと、幅広い庶民の気持ちのわかるスーパーエリートというだけに終わってしまいそうだが、ロシア人バレリーナとの恋などの極めて人間臭いエピソードもあり、ある種、破天荒な、定型的な人間分類におさまりきらない知的自由人ともいうべき姿がそこにはある。

「ある時、七人の経済学者を集めて経済政策について意見を求めたところ、八つ提案が出てきた。一人で二つ提出していたのはケインズだった」という有名なエピソードがある。かのチャーチルのジョークだと聞くが、真偽のほどは定かではないけれど、これこそケインズらしい、機を見て敏なる男の面目躍如《めんもくやくじょ》だ。

こうしたところから、多くの経済学者たちは、ケインズの政治家としての側面を強調するのだが、少々お調子者の茶目っ気ぶりも伝わってくる話でもある。政治家であり、倫理学者であり、ギャンブラーであり、時に変節漢であり、時に正義漢でもある人物……。

そもそも経済政策というもの自体が、時代の潮流を読み解くセンスを磨き、その診断から処方箋を描く技術ともいえるわけで、経済学も、学問というより、かなりジャーナリズム寄りの仕事ということもできるのかもしれない。そうした経済という得体の知れない化け物との付き合いで力を発揮、歴史的な業績をあげた人なのだから、その当人が変幻自在、常人では捉えきれない化け物であっても決しておかしくはない。

そんな人が残した書物なのだから、面白くないわけがない。社会科の教科書では、一九二九年のアメリカ大恐慌を救ったニューディール政策の理論的な礎《いしずえ》として紹介されている書籍であるが、その太字の書名だけを丸暗記するのではまったく味わえない、自由な発想が、レトリックが、あちこちに現れるのである。そして、そうした表現が人々の固定観念を突き崩す時、この奔放《ほんぽう》さは武器となるのだ。一部抜き出してみよう。

将来を左右する人間の決意は、それが個人的なものにせよ政治的なものにせよ経済的なものにせよ、厳密な数学的期待値に依存することはできず——なぜなら、そのような計算を行うための基礎が存在しないからである——車輪を回転させるものはわれわれの生れながらの活動への衝動であって、われわれの合理的な自己は、可能な場合には計算をしながらも、しばしばわれわれの動機として気まぐれや感情や偶然に頼りながら、できるかぎり最善の選択を行っているのである。

（『雇用・利子および貨幣の一般理論』J．M．ケインズ著、塩野谷祐一訳、東洋経済新報社）

「一般理論」として光があたる「理論」は、数式であらわされるような、どんな状況でも、当然普遍的に当てはまるとされるようなものばかりだ。

だが、大本の書籍には、あちこちにじつに豊かな揺れるニュアンスを感じる。自らの「きまぐれや偶然」、心の揺れと対話しながら、新たな理論のアイデアを構築していった人間味あふれるセンス、誤解を恐れずに言えば、矛盾や逆説、ジレンマを楽しみながら本質に迫ろうとする膨《ふく》らみと奥行きに満ちた人間考察が細部にちりばめられている。

市場は、交換のための便利な「手段」ではあるが、交換自体が「目的」ではない。経済成長もまた、豊かになるための「手段」だが、「目的」ではない。成長自体が自己目的化し、強迫観念となる愚は避けねばならない。

しかし、「目的」と「手段」の倒錯はしばしば起きる。こうした反転こそ、経済現象に潜む皮肉であり、このパラドックスを引き受けることが、経済という魔物と付き合っていく醍醐味なのであり、そのためにはやはりケインズのような、煮ても焼いても食えない人間観察が必要となるのだろう。そこに、人間観と、資本主義への社会観とがつながる場面を見る。

ケインズにはこんな言葉もある。

心の状態の価値は、全体としての状態に依拠していて、部分に分割して分析することが無意味なものである。

（「若き日の信条」『貨幣改革論　若き日の信条』
ケインズ著、宮崎義一、中内恒夫訳、中公クラシックス）

人間の精神は、いつもダイナミックに、そしてデリケートに揺れている。思考のセンスも微妙に揺れ動く。何かあることだけに限定して意識を働かせるのは、とても難しいことだ。

時代状況を大きな視野で捉えて、最適な経済政策を考え続けた天才ゆえの名言らしいが、じっさい、すべての状況を考え合わせないと、物事の本質を見誤ることがよくある。

ある年の『ニッポンのジレンマ元日スペシャル』でもこんなことがあった。ＡＩ研究者・石山洸《こう》さんによる、ＡＩがもたらす比較的楽観的な未来像に、評論家の大澤聡さんが猛然と噛みつく。丁々発止、興味深く見守っていたのだが、その本題を超えて、僕はふと、古典的な制作現場の論争を思い出していた。すなわち、ドキュメンタリーにおいて、カメラの存在をどう捉えるか、というものだ。

人物ルポルタージュは、取材対象の背中を追っていくことが基本となる。「日常を撮影する」というシンプルな話だが、すでにその時点でそれが「日常」ではないことは、皆さんもお気づきだろう。「撮影」される状況、つまり、カメラや撮影隊を背負っている時点で、日常ではなくなっているのだ。

取材対象の方は、嫌でも意識するし、その方と関係性を持つことでひとつの映像のフレームのなかに収まる人々もまた、カメラを意識せざるを得ない。人々の意識は高揚し、つい日常には見られない張り切り方で、思わぬ発言をするかもしれない。こうした状況で、「日常」を切り取って、ドキュメンタリーと言えるのか？　というものだ。

さて翻《ひるがえ》って、ジレンマでの議論。ＡＩが社会に導入された後では、もしかしたら不可逆的に、つまりもう元には戻らないかたちで人の心も変化する可能性があるわけだ。そう考えれば、未知の事態について、一〇〇パーセント変化がないとはいえない。つまり、事前と事後とでの精神状態の変化をどう考えるか、という問題に広くつながっていくのだ。

そうした皮肉な展開は、さまざまな形で存在する。

じっさい、そういう視点から考えれば、スマートフォンなどは、もはや多くの現代人にとって、ひとつの感覚器官になってしまっている。

ほんのわずかな認識の仕方の相違で、この世界がまったく違って見える可能性があることを、夜道を歩く時など、よく、ぼんやりと思う。いまだにこうした感覚のなかでモヤモヤを抱えながら歩き続けることが、どこかで自分を保つことにも繋がっているのだろう。沈潜《ちんせん》、内省……。辛気臭《しんきくさ》いと疎まれそうな言葉も、その定義が経験と思索で深められれば、じつは今の時代に最も重要な武器になるはずだ。

対話の空間もそうありたい。多様なものの見方を交換し合うなかで、見出される発想の断片。大事にしたい。

「対話する」ということ

「何が心の傷になっているか、人間、わかりませんね」と、江藤淳さん。

「日常と切り離されたところに思想なんてないですよね」と、吉本隆明さん。

インタビューで、出演交渉で、ディレクター時代の三〇代前半に、戦後を代表する批評家であるお二人とささやかながら仕事で接点を持てたことは、じつにありがたい経験だったと、今あらためて思う。お二人に共通していたのは、柔軟にして常に真摯に自らの立ち位置というものを掘り返し、対話を続けていく姿勢だった。

いまだ鼓膜に残る肉声を反芻《はんすう》しながら、時々読み返す対談集がある。

江藤　（中略）保守とか進歩とかは他人の主張であって、私にはどうでもいいことのような気がする。そういうことは分類にすぎないのですから、それにとらわれるのは、実にバカバカしいことでね。
私はね、人間の好みがあるとすれば、その人がどれくらい柔らかい心を持っているかということ。たとえば吉本さんは、非常にこわい論争家ということになっている。世間でも僕も論争家のはしくれのように考えているらしい。しかし僕は自分を論争家だと思ったこともないし、あなたを論争家という理由で尊敬したこともない。あなたのお書きになったものには、しばしば共感するけれども、それはつまり、いがを一つむくとクリがあって、クリをもう一つむいてみると、ホクホクした実がある。そういう柔らかさがあなたの核心にあることを感じるからです。そういうものがほの見えるから信頼できる。

（中略）

吉本 （中略）江藤さんと僕とは、なにか知らないが、グルリと一まわりばかり違って一致しているような感じがする（笑）。

（「文学と思想」『吉本隆明　江藤淳　全対話』吉本隆明、江藤淳、中公文庫）

この対談がなされたのは、一九六五年のこと。吉本さんが四〇歳、江藤さんに至っては三二歳だ。安保闘争などで気忙《きぜわ》しい、いわゆる政治の季節の時代。それぞれ保守派、進歩派を代表する論客と目された江藤淳と吉本隆明の対話は、終始穏やかな空気のなか進む。まさにこのくだりにあるように。

右も左も、政治も文学も、いつの間にか軽々と越えていく妙が、じつに楽しいのだ。辛気臭くも、高尚でもない。人間が生きている。思考している。精神が運動している。

そして何より素晴らしいのは、柔道の巴《ともえ》投《な》げよろしく、お二人とも挑みかかっては投げ飛ばされることを楽しんでいるように見えることだ。対話に奥行きがあり、柔らかさがある。言い負かすことばかりに夢中になっている言葉の応酬が増えているかに見える時代に、この膨らみのある対話が、響く。イデオロギーなど超えた、自らの外に出る「対話」が、やはり、面白い。

僕が吉本さんのお宅を訪ねたのは、九〇年代前半のこと。八〇年代のサブカルチャーの祭りが一段落したところで、その渦中で『マス・イメージ論』（講談社文芸文庫）などで日本の高度消費社会化を斜めの角度から擁護しつつ斬ってきた吉本さんに、今だから語れるロングインタビューの企画を思いつきお邪魔した。

坂口安吾ばりに机の周囲をぐるりとおびただしい本や資料が取り囲むなかで、静かなやさしい声でお話をうかがった。当時、カメラの前に立つことは固辞され、結局は番組としては実現しなかったのだが、にもかかわらず、その後も何度か快くお話を聞いていただき、世相談議に花を咲かせた。

日常的な皮膚感覚、大衆文化のなかで多くの人々が持つ実感と、知識人と呼ばれる人々が作り上げる観念やイデオロギーとの間に連続性を持たせようとすること。吉本さんの思考への姿勢でいつも感じていたセンスだった。いわゆるインテリがひとつの論理のなかで教条的なサークルを作り閉じようとする刹那《せつな》に、その閉鎖性を直観し外気を招き入れる。

吉本さんには「重層的な非決定」という概念、つまり、問題を捉えるフレームの持ち方によって答えは一義的に決まらないことを表わそうとした概念もあるが、それはまさに「結論は出さなくていい」という考え方のひとつの表現だったともいえる。

江藤さんには、作家・開高健さんの七周忌に際した特集番組の企画で、生前の開高さんとの想い出を山の上ホテルで収録させていただいた。じっさいにオンエアーとなるのは三〇秒ほどの予定だったのだが、じつに二時間近くお話をいただいてしまった。

冒頭の「心の傷」という言葉は、その時に漏れたものだ。これ以上この時の話を深める紙数はないが、人の社会は皮肉な矛盾の積み重ねであるとの想いを吐露され、江藤さんの繊細な一面が心に残るインタビューだった。

帰りにエレベーターまでお送りした時の言葉も忘れられない。

「今日は大変愉《たの》しゅうございました。カメラマンの方にもどうぞよろしくお伝えください。久々にカメラマンらしいカメラマンの方でした」

オチをつけるわけではないが、じつはその日のカメラマンは、ベテランの職人気質《かたぎ》、話の中身そっちのけで、フレームのなかに収まる江藤さんのお顔をどう撮るか、必死にそればかりに腐心していたのだ――風邪気味だったのだろう、止まらない鼻水をこらえながら。

それぞれの持ち場でそれぞれの美意識で仕事をする。そうした一人一人の、生きるうえでの襟のただし方、生き方のたたずまいに敬意を払う精神を、そこに見た。江藤さんの思考の対象、対話の相手は、さまざまなところにいたのである。

そして、対話している相手は、目の前の対談者ばかりではない。

江藤　（中略）僕はちょっとした外科手術を受けて都心の病院で寝ていたのですが、術後ウツラウツラしていた。そうすると国会議事堂が近いので、外を日韓反対とか言って通って行くのです。こっちは意識が減弱しているせいか知らないけれども、それが自動車の排気ガスの音のようなものに聞こえた。時代と個人の関係はそういうものであり得るわけですね。個人と時代とのあいだには、いろいろクッションがある。個人は、そういうふうにしか存在できないのだということを、人々がもう少し肝《きも》に銘じたら、かえって時代とのかかわり方は深くなると思う。僕は個人と時代が直結していなければならないという要請が、現に直結しているという錯覚を生んでいるような気がする。

（「文学と思想」『吉本隆明　江藤淳　全対話』）

生身の肉体を持ち、日々の生活を抱える個人。その肉体を通じ、自らの感覚器を通した経験、しかも、逃れられないさまざまな状況をそこに折り重ねた経験というものを通してしか、大きな状況との関係は結べない。そこを無理に、時代と直結するべきだと教条的に振る舞ったところで、それは観念的な誤った思考を独り歩きさせるだけだという発言だ。

自らの内面との対話がなければ、この気づきには至らない。自分自身との対話を欠かさないことによって、他者との対話が生まれ、健全な社会との関係性を育むことができるのだ。

「異」は「異」として受けとめればいい

人と人が場を囲み、言葉を投げかけ合うことは、決して自分の主張や自我を押し通すためではなく、むしろ、他者の潜在的な想いを引き出すためであること、そのことによって自らも変わり、新たな世界の了解の仕方の可能性に気付けること……。しかし、そのためには、大いなるひとつの力が必要となる。

知力？　体力？……もちろん、それも必要だろう。

だが最も、大事なもの。それは、胆力だ。あるいは、懐《ふところ》の深さ、器の大きさといってもよい。「器」というものは、さまざまな要素のせめぎ合いをじっくり見極め、その多様性が奏でる宇宙をとことん楽しめる能力なのである。

江藤さんが、生前、折に触れて語っていらした勝海舟の言葉に、こんな啖呵《たんか》のような名言がある。

「みんな敵がいい」

幕末から明治維新という激動の時代に、多くの人々に民主主義の真髄を平易な言葉で説いた際のひとことだ。思考停止することなき柔らかな精神力で「江戸無血開城」を実現した勝の真骨頂かもしれない。淡々と言うべきは言い、いつも笑顔で事を進めるがよい、といったところか。

論理は論理でぶつけ合い、情は情で通わせる。論理と感情のジレンマに一挙に二股かけるセンス、それが胆力というものだろう。多くの大人《たいじん》に共通するセンスではないだろうか？

勝はこんなことも言っている。

活学問《いきがくもん》にも種々仕方があるが、まづ横に寝て居て、自分のこれまでの経歴を顧み、これを古来の実例に照して、徐《しず》かにその利害得失を講究するのが一番近路だ。さうすれば、きつと何万巻の書を読破するにも勝《まさ》る功能《こうのう》があるに相違ない。

（『氷川清話』勝海舟、江藤淳・松浦玲編、講談社学術文庫）

どんな難局にも飄々《ひょうひょう》と丸腰で向かう勝らしい、柔軟かつしたたかなスタイルのすすめだが、この「活学問」という言葉、今の時代に大事な感覚の提唱だと思う。身に付く学問の王道、潜在的な力を最大限発揮するためにも真っ当な話ともいえる。

「好きなこと」と「やるべきこと」の共通集合を徐々に増やすつもりで社会と関係性を持つことこそ、インセンティブを生かす戦略なのだ。砕けた言い方をするなら、怠惰な人にもお勧めだ。つまり、放っておいても好きで時間を割いてしまうことを仕事にするに如くはなし。自らが虚心坦懐に傾注していくことに意を注ぎ、「仕事は好きなことばかりじゃない」というお説教を笑顔でかわし、楽しむことを仕事にしてしまう人々を増やせれば、と思う。

ちなみに勝は、信ずるところがあれば他人の毀誉褒貶《きよほうへん》は気にすることがないと説き、また自分の真意、考えるところの本質の理解者がいなくても嘆くことはない、一〇〇年ぐらい先を見据えれば、必ず理解者が出てくる、といった言葉も残している。

さらに、「主義」や「道」など、これのみと断定することは好まない、上には上がある、その研究を続けるのがじつに愉快、知恵の研究は棺桶《かんおけ》に蓋《ふた》をするまで終わらない、とも言う。まさに勝海舟も、「結論は出さなくていい」という先達だったといえるだろう。

矛盾こそが人間性なのだ

それでまあ段々年取ってまいりますというと、人間の世界と言ってもよし、人間の性質と言っても何と言ってもよいのですが、どうも矛盾があるのでございますな。衝突ばかりしていることに気が付くのでございます。それで結局はこういうことに結論を着けたわけなんです。この衝突というか、矛盾というか、こういう事がすなわち人生なんだ。人生とか人間性というものが矛盾しているというよりも、矛盾その事が人間性であるのだ、人間界であるのだ、こういうふうに結論を着けておいたらば、人間性が矛盾だからといって、不平をいうとか、或は何か恨んだり、歎《なげ》いたりするというような事があるかも知れませぬけれども、そういう事でなしに、矛盾その事がこの世の姿であると、こういう事を考えておくというと、却《かえ》って気安いような事は無いか知らんと思うのでございます。

（「人間性の半面」『一禅者の思索』鈴木大拙、講談社学術文庫）

日本で海外で、日本語で英語で、柔らかな語り口で禅の精神を説き続けた鈴木大拙禅師の言葉は、いつも気持ちを楽にさせてくれる。ＡＩを知れば知るほど人間の本質を考えさせられる現代、人間への認識を深め続けた思想を、今一度手にしたくなる。

それにしても、八〇年前、日本が世界から孤立していこうとする「戦前」の状況のなか、語られた言葉であることにも感慨を深くする。矛盾の塊たる人間を、まずは受け止めよ、肯定せよ。

じっさい、こうしたシンプルな感覚を得るのが難しいのが現代。生涯賃金予測のエクセルもひとつのツールだが、体内奥深くに眠る本能の声に耳を澄ますのも大事なセンス。頭だけで考える「理」だけでなく、全身で体感する歓びにどこで目覚めるか、一歩踏み出してみなくては……。

その意味でも、すべては肯定から始まるのだ。時流というものも目の端に捉えておいて損はないけれど、その底を流れる本質まで深く掘らないと、流されるだけになってしまう。

いよう。とかくに、人の世はままならぬ。

「適合」は良いけれど「迎合」はまずい。同様に、「有能」だと持ち上げられ「消費」されな

心は存在し、存在しない

矛盾だらけの人間。こうした指摘を聞いて、一冊の本を思い出した。

『心の社会』（産業図書）。著者はマーヴィン・ミンスキー。「人工知能の父」と呼ばれる、世界的な認知科学者だ。

彼は、心とは、ひとつひとつは心を持たない、エージェントと呼ぶ小さなプロセスが集まってできたものと定義する。エージェントのひとつひとつは、心や思考などとは無縁な、簡単な動きしか担わない。たとえば、キーボートを認識する、キーボードのアルファベットの違いを認識する、キーを識別する、選択したキーを指で押す……など、いくつかのエージェントが連続して組み合わさることで、「言葉をディスプレイに表現する」というひとつの行為が生まれるというわけなのだが、ここで、とても重要で面白いのは、小さなひとつひとつのエージェントに心はない、ということ。しかし、それが寄せ合わさると、言葉を生み、文章を書くという、心なしには成立しない行為が生まれる、というのである。これが、現代の

ＡＩ研究にもつながる古典のベースにある哲学だ。

ということは、逆の視点から考えれば、エージェントとエージェントのはざまに、心はあるのか？　あるいは、心という実体はないのか？

人間をめぐる矛盾という鈴木大拙禅師の講話の後では、ＡＩ研究がもたらしてくれた禅問答のように思えてしまう。

じっさい、この分厚い書物には、さまざまな人間の存在の原点にある問い、逆説的なテーゼがたくさんちりばめられている。そして、常にそこに見え隠れしているのは、そのままでは動作としか言えないような小さなプロセスが、組み合わさると、ある瞬間に心というものの存在を発見する、じつに不思議な生成のドラマなのだ。

ちなみにこの書物を読む効用は、何かの判断をする時、脳内でさまざまな異なる動きが同時に生まれ、その調整をつけるように考えを深めていくリアルな感覚を持てるようになることだ。『心の社会』という書名通り、心は、社会のようにバラバラな動きをするものの均衡点という言い方もできるのかもしれない。実体としての心は存在しない。だが同時に、確かに心は存在する、のだ。

番組という装置、編集という方法

さて、このⅡ章を順序よく読んでくださった方ならば、心は、ひとつひとつの小さなプロセスには分割できないというミンスキーの『心の社会』のアイデアを読んで、その少し前に取り上げたあの人の言葉を思い出さなかっただろうか？

そう、ケインズだ。「心の状態の価値は、全体としての状態に依拠していて、部分に分割して分析することが無意味なものである」

こうして、経済学の巨人と、AIの創始者と、さらには禅師の言葉まで、それらの着想の間に通底するものを見つけて、また次のアイデアが広がる。

AIの着想で、経済の論理を見直すと？　禅の世界を考えると？　こうした脳内のニューロンの結びつきで生まれる発想が、また次の企画ともなるのだろうし、こうした知のバイパス、異質なものをつなげていく連続が、考えるということの本質なのかもしれない。

こうした「つなぐ」ことを得意とする映像表現という方法は、じつは新たな知の構造のネットワーク化、フィールドを越えた思考の形を示す可能性を持っているはずなのだ。さまざまな領域をカットバックさせながらの試行錯誤は続く。思考のフレームを多層化させていく方法として、番組という装置、編集という手法の意義を、今強く思う。

次章以降、こうした発想の方法論に自覚的になるに至ったことの意味を、過去の企画を立ち上げた経験のなかから見出してみたい。

Ⅲ　企画が企画を生む——無意識を寝かせれば形になる

「考える」とは動きを作ること

さて、こうしてさまざまなジレンマをきっかけにして、あえてその引き裂かれるような状況を受けとめ、考えるということの大事さを説いてきた。この辺で、もうそんな大変な、面倒臭いことなんか続けられない、と悲鳴をあげている方もいらっしゃるのではないだろうか？

だが、ここでひとつ、あらためて記しておきたいのは、「考える」ということの真に意味する中身だ。

「考える」ことは、思いつめることでも、悩むことでもない。「考える」ということは、異質な組み合わせの思考実験、とも言い換えることができる。つまり身体運動、プラクティスにも似た、実効性を伴うものだ。

たとえばサッカーなら、攻撃の際に「サイドを変える」という言葉がある。右サイドから左サイドというように、ボールを扱うフィールドを変えるのだ。そのことによって、できていた陣営が大きく変わり、突破口ができる。

ちょうどそんなイメージが、「考える」ことだと言ったら、驚かれるだろうか。ボールの場所が変わることによって、フィールド全体に動きが生まれる。そう、考えるとは、思考の枠組みの構造に動きを与えることなのだ。まさにスポーツのような感覚がある。

　ボールがフィールドを動き、陣営が崩れ、新たなフレームが生まれ、ゲームが動く。「政治」「経済」「文化」……、さまざまなジャンルの壁に横穴が開いていくのに似ている。そうして、新たな突破口が見えてくるのだ。

「ループシュート」といわれるプレーがある。誘い出されたキーパーの頭の上を、緩やかな弧を描いてボールが飛び、ネットを静かに揺らすシュート。

ゴール。激しいキックで正面突破を図ったゴールでも、動きを生むことでタイミングをずらして実現したゴールでも、一点は一点だ。サッカーの戦術なら、皆楽しく、さまざまな工夫を凝らし、見る側も試合展開を熱く見守るだろう。想像力のゲームを楽しむ。それと同じ感覚が、「考える」ということではないのだろうか？　そして、そんなことの繰り返しが、創造力となっていく。

　たとえば番組の構成であれば、逆張りのように、あるシーン、シークエンスという話の固まりを、時系列を無視して動かしてみること。起承転結を逆転させ、シャッフルしてみること。さらに、物理的な時間の経過でシークエンスを切断、時間軸の方から発想してみること……、など、じつにプラグマティックに、即物的に、偶然性に委ねて組み合わせを試してみることで、活路が開けることも多々あるものだ。

最近では、AIが将棋名人たちを打ち負かす時代に入ったことが話題となっているが、その際にAIは、一見定石《じょうせき》でない奇手から入ることも注目されている。そのセンスにつながるような話だと思う。固定観念から自由になり、新たな発想で一手を指すためには、物理的にさまざまな配置をしてみることで、新たな組み合わせを発見していくことが必要なのだ。

もちろん、またそこから新たなフォーメーション、パターンが生まれていくことは、サッカーも将棋も一緒だ。その一連の流れをどう物語として認識するか……それが新たな企画ともなり、方法論ともなり、次につながり、その物語を生きた経験が、さらに次の新たな思考を促す。そしてそこに生まれるのが、豊かな比喩、レトリックと呼ばれるものだ。

そこでもうひとつ大事になってくる視点は、さまざまなスパン、フレームで状況を捉えること。「成功」でも「失敗」でも、じつはそれはある局所的な、限定的な枠組みのなかでの、ひとまずの「結果」だ。ある「結果」を、どう読み、どう物語化し、次の事態に生かし対処するか？

ダイナミックに考えることに終わりはない。身体のバランスを保つトレーニングに終わりがないように。そこに結論など求めていたら、次の新たな事態に対応できないだろう。

「結論」を出さない思考法、そこにいたるには、次に述べるような番組を生んだ経験が大きかったのかもしれない。

「語学」であって「語学」でない？

『英語でしゃべらナイト』は、二〇〇一年の年末に特集番組として実験的に放送され、ほとんど英語オンリーのナレーションという意味では、NHK総合テレビ初の、極めて実験的な番組だった。

当初決まっていたのは、「英語」というテーマを、あえて教育テレビではなく総合テレビで扱ってみたら、どんな番組ができるのか？　ということ。ただそれだけが、制作陣に「お題」としてふられた状況のなかで、ブレストを繰り返し、試行錯誤しながら生まれたさまざまなコーナーを、パッチワーク的につなぎ合わせ、なんとか番組の「かたち」を後から見つけていったものだった。

当時僕は、教育テレビの語学番組全般のデスクもしていたのだが、そうした「外国語」との縁もあったからこそ、総合テレビの「教養バラエティー」というべき領域にも挑戦してみることになったのだ。「なりゆき」というほかない。

だが、振り返ってみると、この偶然の出会いが、僕自身のプロデューサー人生を大きく変え、また深いところにあった想いを呼び覚ます役割を果たしたともいえる。

じっさい、もともと映像も言葉もどちらも好きな分野だったので、それをうまく組み合わせられないかが入局以来のテーマであり、いつか「言葉」をテーマに何か番組化することができないかという想いはあった。が、まさか、エンターテインメントの形を取るとは思ってもいなかった。

この実験的バラエティー『英語でしゃべらナイト』誕生には、ちょうどその一年前の、愚直な「ドキュメンタリー」の制作が、とても重要な意味を持っていた。二〇〇〇年一〇月に放送した、NHKスペシャル『英語が会社にやってきた　ビジネスマンたちの試練』。日産とルノーの資本提携をひとつの柱として取材、カルロス・ゴーンCEOの指揮下で改革が進む日産社内にカメラを据えることで、「社内英語化」の現状に迫っていった番組だ。

ビジネスの国際化のなか、また当時、失われた十年という言葉が世の中の気分を表わそうとしていた社会的状況のなか、英語でビジネスができないと日本経済のこれからの繁栄はない、という社会の潮流を取材したものだった。「社歌」を英語にした会社、さまざまな英語研修を強化する会社、そして社内のコミュニケーション言語の基本を英語に決めた会社……。

そうしたいくつかの会社取材をケーススタディーとしたうえで、「会議も英語で」を原則とした日産の改革に、カメラが密着した。

　昨日まで英語とは縁がなかった社員が、一夜にして「会議も英語」という状況に追い込まれる、その時、社内はどうなるのか……。この時は、プロデューサーとディレクターをつなぐ役回りのデスクであると同時に、ディレクターとしても日産に何度かお邪魔し、フランスのルノー本社も取材。ルノー本社の英語研修、会議の現場なども取材させてもらったのだが、日本人とフランス人、母国語でない者同士による英語コミュニケーションの難しさを、身に沁《し》みて痛感した。多くのビジネスマンたちの努力、そこで交わされる会話の数々、さまざまな場面が今も心に残っている。

　同時に、取材を進めていくうちに、徐々にもうひとつの問題意識もまた深まっていったのだ。社内コミュニケーションの決め手になっているものは何か？　英語化されるなかで、単純に縦書きが横書きに変わる、そういうものなのか？　知らず知らずのうちに、会議のルール、コミュニケーションのルール、社内のルールにも影響を与えていくのではないか？

　ドキュメントの過程そのものが、さまざまな「仮説」の材料となり、そしてそれへの「検証」となっていった。そして、多くの映像の積み重ねのなかから、会社にやってくるのは

「英語」ばかりでなく、言葉の背後にある「文化＝英語的思考」であり、英語的論理でもあることも実感するにいたったのだ。

文字通り、言葉を通して、当時巷で叫ばれていた「グローバル・スタンダード」という言葉の内実を問うこと、それがひとつの命題として、あらためて僕自身の胸にも強く刻みこまれた。

会社にやってきた、英語より大変なものとは？

『英語が会社にやってきた』という番組タイトルは、一見、じつにシンプルだが、そこには、もうひとつの意味、もうひとつの問いかけが孕まれている。

つまり、「会社にやってきた」のは、本当に「英語」だけなのか？　いつの間にか、このＮＨＫスペシャルは、日本のビジネス社会に生まれた「社内英語化現象」を超えて、コミュニケーションの本質を考えるドキュメントとなっていた。

カルロス・ゴーン社長が、カメラに向かって少し茶目っ気をまじえ、「Can you speak English?」と視聴者に問いかけるシーンの直後に、タイトルである『英語が会社にやってきた』が映し出されて番組は始まり、ゴーン社長のまったく同じ映像の問いかけで終わる。

冒頭の問いかけ、その意味するところが、番組の最後で一段深く視聴者に迫ることを狙ったリフレインだ。

ちなみにこのように、番組のファーストカットとエンディングカットが同じなのは、メッセージの伝え方として、伝統的にあるひとつのスタイルだ。螺旋《らせん》階段を登るようなもの、ぐるっとコースに沿って回っているうちに、上から見たら同じ位置に来ていた……、しかし確実に、一つ上の階にたどりついているわけで、そこから俯瞰することで、登ってきた階段の構造がはっきりと認識できる……そんな感覚で、制作陣と共に視聴者の方々にも、番組の階段を登ってもらえれば、それはひとまずの成功といえる、ということなのかもしれない。

いずれにせよ、このＮＨＫスペシャルは、「ドキュメント」として、英語化の波に真正面から迫った記録だった。

そして同時にこの時、重要な発見があった。このシリアスなドキュメントを通して、僕はテレビ人としてもうひとつの可能性にも気がついたのだ。つまり、これはエンターテインメントとしても掘り下げられるテーマでもある、と。テーマと演出は、柔軟な掛け算をすることで、企画は新たな生命力を持つ、そのことを実体験で納得した。

その頃は、先にも述べたように語学番組のデスクでもあったので、多くの方々に、英語をはじめとする外国語に対する精神的な障壁を取り除いてもらい、少しでも外国語に親しんでもらえる方法、演出も課題だったのだが、そのことと相まって、頭のなかで化学反応が起きたのかもしれない。

そのNHKスペシャルを放送した翌年、二〇〇一年春から、NHK教育テレビの語学番組の演出の多様化にも関わることになったが、そこに躊躇《ちゅうちょ》はなかった。当時デビューしたばかりの井川遥さんをフランス語の「生徒」に迎えたことを象徴として、語学番組で「アイドル」が顔となり、テキストの表紙となる現象が巷の話題となった。

もちろん、その数年前から、イタリア語など一部の言語の番組で「タレントが学ぶ」というスタイルの演出は始まっていたのだが、この年に横並びで一気にテレビ語学番組の顔が、さまざまな親しみあるタレントの方々になったことは、「語学番組」が「異文化コミュニケーションの可能性を伝える番組」としてリニューアルするための大きな起爆力となった。

多くのメディアが好意的に伝えてくれ、フランス語のパトリスさん、イタリア語のジローラモさんはじめ、外国人講師たちの魅力とともに、これらの番組が大衆的な広がりを持つ大事なきっかけとなった。テレビの語学番組は、言葉を通して異文化とふれあうきっかけを作る「異国の窓」、そしてそこでモチベーションを持ってくださった方が、ラジオの語学番組で毎日学ぶ……、そんなメディアとしてのすみ分け、流れを意図していた。

総合テレビの『NHKスペシャル』と、教育テレビ（現在のEテレ）の「語学学習番組」。素直にジャンル分けすれば、前者は、日本社会の問題に骨太に正統派で迫っていくもの、後者は、学習を第一義と考える人々にわかりやすく良質な教育的な要素を届けるもの。一見、接点はない。ドキュメントと、文法解説やスキットなどを中心とした、ある意味フィクションである語学番組……。

しかしその両者が、「ジャンル」というものを一度捨てて、「日本人が英語をしゃべる」という、ただその一点の現象を注視することによって、不思議な結びつき方をし、まるで細胞分裂するように広がっていく。そしてそこに不思議な領域を生んでいく……。その結果が、新感覚教養エンターテインメント『英語でしゃべらナイト』だったわけだ。

異文化のシャワーのなか、引き裂かれながら考える

じつはそこには、個人的な経験もかなり影響していた。語学番組デスクとなる以前、ディレクターとして、海外からの生中継、海外ロケを担当することが多く、フランス、イタリア、ロシアなどへ取材に行く機会が多かったのだが、海外からの生中継の際は、中継車のなかで

さまざまな国々のスタッフが入り乱れ、日本語、英語、フランス語、イタリア語がちゃんぽんで飛び交う環境を、何度か経験している。

この状況下では、さまざまなハプニングが生じるのだ。つまり、両者とも真剣なのだが、それゆえに、大誤解、笑うほかない極めて悲喜劇的な状況がしばしば生まれる。

グローバル化が進展する現在では、多くの方々が、日常的にこうした「異文化コミュニケーション」による、時にシリアスであり、時に笑い話になるような、さまざまな誤解（やがて「正解」にもなり得るところがコミュニケーション、文化というものの豊かさなのだが）を経験されていると思うが、当時はまだ、そうした事柄が放送に乗るのは新鮮だったのだ。

それはこの二〇一〇年代の「異文化コミュニケーション」エンタメの隆盛ぶりが、時代の変化を物語っていると思う。すなわち、視点を逆にすれば、海外の人が日本語を学んだ時の、その受けとめ方から、日本人があらためて日本語についてハッとさせられる……、日本人が気がつかない「美点」を外国の人が発見してくれる……、いつの間にかそうしたモチーフの番組が全盛になっていることが、証明している。

その意味で九〇年代に、こうしたさまざまな文化が錯綜する状況を、海外で肌で「先取り」して経験できたことは、苦労も多かったが、大変幸せなことでもあった。それゆえ、

『英語が会社にやってきた』でさまざまな現場を取材しても、過去の自らの「異文化体験」から、そこに起きていることの本質を想像することが比較的容易だったのだ。

三〇代当時の取材ロケの多くのメインテーマは美術番組だったが、それもまたもうひとつ、僕には大きな考えるヒントとなり、心の底に蓄積されていった要素だと思う。

たとえば、「アート」という言葉ひとつをとっても、フランスで、イタリアで、ロシアで、それぞれの国々の人々と日本人との間で、その定義は一致するものだろうか？

単純に「アート」＝「美術」ではない。そう考えると、そもそもルーヴル美術館で同じ作品の前に立った時、日本人は西欧伝統の絵画をどこまで理解できているのだろうか？

あるいは、そこに立ったフランス人、アメリカ人、中国人、日本人の間で、どんな味わい方の差異が生まれているのだろうか？　そんなことを毎日夢想しながら、絵画作品にカメラを向けていたのだ。

カメラが映し出しているものは？——ルーヴル美術館からの生中継

そんな日々のなかで特に印象深いのは、一九九四年の春、五夜連続でお送りした、パリ・ルーヴル美術館からの生中継だった。

スポーツでも、イベントでもなんでもない。ただ絵画に描かれた人物、そこにテレビカメラを置いてみるという企画。絵が動き出すわけでももちろんない。舞台はなんの変哲もない、動きのない、美術館だ。

このコンセプトをプロデューサーから振られた僕は、ディレクターとして、かなり戸惑った。丁寧に絵の魅力を紹介するという意味では、当然のことながら、じっくりとロケした構成番組にかなうわけもない。生中継だからこその「美点」を、どこに見つけるべきか？

この難問にも、「異文化コミュニケーション」の現場でカメラを通して丁寧に観察してみるところから「何か」を生もうという気持ちで臨むなか、光が見えてきた。さかしらな演出で、テレビ的なパッケージにはめてしまうことなく、その空間と真正面から向き合ってみようと、腹を括ったのだ。

リポーターが一生懸命現場リポートをするという、中継番組とは異なるリアリティ、つまり、「番組」らしくない「番組」によって、不思議な時間の流れが生まれるように感じられたのだ。いわば、「反番組的」番組だ。

そして、その結果、番組は、もちろんドキュメントではないが、とはいえ、中継番組らしくもないような、「空間」共有体験ともいうべき、不思議な放送となった。

美術館からの国際生中継という前代未聞の企画。その時、じつはもうひとつ、天が敵か味方か、妙な演出をしてくれていた。五日間の中継の計画だったが、その初日と二日目まで、肝心の美術館への立ち入りが許されなかったのだ。

理由は、ルーヴル美術館の学芸員たちのストライキ。ガラスのピラミッドを背にして立つ司会陣と共に、美術館前の広場から中継を行なうしかなかった。

さらに注目を集める初日は、とても変わりやすい、異常気象のような天候。あっという間にかき曇り、激しい風のなか、雨がたたきつける……。こうもり傘を飛ばされそうになりながら、必死で歩く老紳士の姿が今でも目に浮かぶが、華の都からの美術中継は、一転して、台風中継と化したのだった。

わずか一時間の番組時間のなかで、目まぐるしく天気は変わり、間にはさんだ短い事前取材したVTRから明けるたびに、同じ場所からの中継とは思えぬほどの映像となった……。もうさんざんだ。

しかし、結果的に、番組は思わぬ大好評で受け入れられた。ストから始まり、天候の変化、その場であたふたしながら動く司会者に、本来映ることが歓迎されるはずのないスタッフたち……。これこそが生中継、本当のフランスらしさ、パリのリアルが伝わってくると、視聴者の方々から、予想外の賞賛をいただくことになる。

そしてストライキがおさまり館内から予定通り中継できるようになってからも、多くの観光客でにぎわうルーヴルの空気や、観光客と美術作品との出会いの現場の様相を映し出すリアルな番組として、好評をいただく。すべては出会いの中継だ。中継が映し出しているのは、その空間だ。同じ時間を共有することの醍醐味こそ、味わうべきもの……。

さまざまな出会い、「対話」＝異文化コミュニケーションを、映像としてお届けする、美術館という「空間」からの実況中継。美術作品も、鑑賞者との関係性で輝きを帯びる。そうした「対話」「コミュニケーション」は、どんな空間にもある……。

ルーヴルの広場に置かれた中継車のなかから、フランス人カメラマンたちに、下手な英語とフランス語と、通訳の方を介した日本語と……、ごちゃ混ぜにして指示を出しながら、この空間が、遠く「波」として、日本のテレビ受像機に降り注いでいるという光景を想像することで、新鮮なリアルな手ごたえを感じていた。美術館という空間そのものが、「出会い」の「事件」が生まれる場なのだ。その「出会い」のドラマを共有することで、発見が生まれる……。

このコンセプトに立脚することで、バタバタの現場のなか、静かな自信を持って、冷静に指揮をとり続けることができた。

計画は完璧だが、さて人間は？

こうして九〇年代前半、グローバル化の波にさらされながらも、まだかろうじてヨーロッパの国々が、それぞれのスタイルで対抗しようという気概があり、多様な知の形を守る胆力を多くの人々が持っているかに思われた時代に、特にフランスに何度か、比較的まとまった期間、滞在できたことは、今思うと得難い経験だった。

セーヌ右岸を歩けば、お金持ちの貴婦人から、「バブルに浮かれた日本人」と一方的に烙印を押され、侮蔑的な眼差しを向けられ、お店では店員から、明らかに聞こえているのに英語での会話を拒否された。そして左岸のサンジェルマン・デ・プレのカフェでは、人種や国籍を超えた活発な議論を目撃し、また、飛行機では、乗客が少ない時にはエコノミーからビジネスクラス扱いとなる幸運も楽しんだ。

まさに、セ・ラ・ヴィ。それが人生だ、とさまざまな運、不運の巡り合わせも含めて身体で味わい、生きるとは理不尽を受けとめること、また理不尽に直面した時に取り乱さないことが理性という「教育」を、日々受けている感覚があった。そしてそれは楽しいものであったのだ。理性と感情が激しく交錯し、その均衡のなかで生きるということが生まれる。

ルーヴル美術館からの大掛かりな五日間にわたる大中継に先立って行なわれた、安全対策のための最終会議でのこと。番組スタッフと美術館スタッフが、時間をかけて念入りにカメラの動線などを確認、観覧者たちへの最大限の配慮が話し合われた。会議が終わった時のルーヴルの責任者の言葉が忘れられない。

「さてこれで計画は完璧だ。だが、僕たち完璧でない人間が、計画は遂行するんだけどね」

彼はニヤッと笑い、こう言い残して去っていった。フランス的エスプリといえばそれまでだが、これこそ、フランス的知性のありようが、短く凝縮されたものだと思う。

合理的な理性で考えられるだけ考えたうえで、それをまた、捨てられるべきハシゴとしても認識し、人間という存在の不完全性、合理性だけでは片付かない感情も絡まった、ある種の動物性も視野に入れる。こうしたアンヴィバレンス、引き裂かれるような感覚に、身震いする想いがした。フランスという国が好きになった瞬間だった。そこには成熟がある。

この「実験的な中継」が成功し、翌年、その続編ともいうべき企画をいまいちど担当する。水の都ヴェネツィアからの中継、美術のオリンピックとも称される祭典「ヴェネツィア・ビエンナーレ」の会場からの生中継だ。

ここでも、「異文化コミュニケーション」の大変さと難しさ、そしてだからこその楽しさを身体に刻み込んだ。サン・マルコ広場の前の運河に浮かべられた船の上……、船といっても、大きな車が載るような船など用意するのも難しく、巨大な平板だったのだが、その平らな板に搭載された中継車に揺られながら。

美術館からの中継は、そもそも不思議な経験ではあったが、それ以前に、いわゆる正統派の美術番組の取材、ロケ、制作の際も、いつもモヤモヤと感じ考えるものが無意識のなかに沈澱していた。

すなわち、西欧の文化のなかで生まれた絵画作品を、日本人が鑑賞する……、その背後にある美意識の違い、また、さらにその作品を映像に収めて「美術番組」にするということ、二重の意味で、文化の障壁がそこにある。プリズムのような屈折がそこにあると、よく思ったものだ。

こうして、たまたま僕自身が、このような二つの文化のはざまで引き裂かれるような想いを抱えながら番組を作り続けた経験は、極めて大きなものを僕の心のなかに残している。

そしてさらにもうひとつ、この時学んだ、ちょっとした「不真面目のススメ」ともいうべき、印象深い体験を記しておこう。

プロセスを楽しむことが財産になる

それは、かなり衝撃的なシーンだった。初めてのパリでの初めての朝のこと。時差ボケもあってホテルで早朝五時をまわった頃だろうか、目が覚めてしまった僕は、何気なくテレビをつけた。

「アン、ドゥ、トロワ!」

鮎原こずえが、フランス語で声を掛け合い、コートでプレーしているではないか!

といっても、若い方にはピンと来ないかもしれない。僕が小学生の頃、一世を風靡《ふうび》した、女子バレーボールチームが舞台の『アタックNo.1』という大人気アニメがあったのだが、それがフランス語で吹き替えられて放送されていたのだ。聞けば、朝から、こうした日本の古いアニメを見て学校に行く小学生が増えているのだという。

調べてみると確かに、すでにフランスをはじめとしたヨーロッパ諸国では、八〇年代からソフト不足で、日本のアニメが大量に放送されていたのだ。ただ、そんな社会学的な問題意識以上に、アニメを入り口に日本を知り、日本に親しむ幼少期の子どもたちが多いとすれば……、これは一〇年後、二〇年後、大変なことになる、日本観が変わることになる……。時差ボケも吹っ飛ぶ衝撃だった。

しかも、日本のアニメを楽しんでいる子がたくさんいる地に、自分はわざわざ西洋の美の至宝を撮影しようとやって来ているのだから、そのことにもちょっとした皮肉を感じた。

じっさい、その十数年後、外国人特派員たちの放談を、他ならぬ『英語でしゃべらナイト』で企画したのだが、その際、彼ら彼女らが熱を帯びて話してくれたのがアニメの話だったのも、予想通りだった。はじめのうちの、政治、経済、社会について日本の現状を険しい表情で批評していた時の様子とは打って変わり、相好を崩して、アニメの話で盛り上がる。オランダ人女性の眼光鋭い優秀な記者が、日本を知ったきっかけを問われた時、少し恥ずかしそうに、しかし並々ならぬ愛をこめた口調で、「『科学忍者隊ガッチャマン』」と頬を赤らめながら口にした瞬間は、今も忘れられない。

それにしても、あのホテルの朝の記憶は強い。海外出張というものは、本題以外でいろいろと付録のテーマをいただく経験をするものだということを、じつに象徴的に体感した瞬間でもあったのだ。その後もさまざまなテーマで、いろいろな場所に取材、撮影に行かせていただいているわけだが、行けば必ず、「別の」何かを見つけてしまう。

それは、フラットな眼差しでいるからこそ、生まれること。またあえて言えば、僕が「目的意識」が強すぎる「真面目」な人間だったら、こんな場面は記憶にも残らず切り落としていたのかもしれない。だが、プロセスを楽しむ人間にあっては、こうした経験こそ財産だ。

パリのホテルの朝のような無数の偶然の体験が、その後のさまざまな企画の下地になっている。さまざまな記憶の断片のなかに、新しい企画の種はあるのだ。

さて、英語バラエティー誕生の話に戻そう。こうした多様なサブカルチャーも含めた異文化体験、それが、『英語でしゃべらナイト』という「実験」につながっていったのだった。

偶然が必然になる

「とにかく『英語』で何かできないか……?」。こうした漠然とした大きな振られ方の方が、往々にして面白いものが「突然変異」的に生まれるものだ。そもそも、この『英語でしゃべらナイト』というタイトル自体が、その試行錯誤のなかから素直にひねりだされた状況を如実に物語っている。

「うーん……とにかく、英語でしゃべらないといけない時代、だからなあ……」「やっぱり、そこは英語でしゃべらないと……」。コテコテのギャグのような話だが、ブレストのなかで、皆が自然といちばん多く口にしていたフレーズを、そのままタイトルにしたわけなのだから……。これぞ、無意識の発露、ともいうべきものだろう。日本人の英語への憧れとコンプレックスが微妙にブレンドされたタイトル。

「国際化」とひとことで括られてしまう時代を、視聴者の皆さんと共に笑い、進もうという実験的な精神で、『英語でしゃべらナイト』は誕生した。

ベタベタの駄洒落のタイトルがすべてを表わしているように、番組の内容、構成についても、無手勝流《むてかつりゅう》のスタートだった。「〃英語でしゃべらナイト〃いけない時代」のものであれば、どんなものでも取材させていただこうと思っていた。

しかし、じつは同時に、このあたりがいちばん難しくもあった。英語は「きっかけ」だが、「英語で話すことだけ」にとらわれて、「コミュニケーションについて考える」という本質が失われないようにしなければならない。初心者は皆、共感してくれる話だと思うが、「英語で話す」ということだけに固執すると、「英語できちんとしゃべらなくては」と身構えてしまうことがある。つまり「英語を話すこと」に集中してしまい、話の内容にまで注意・気持ちがいかなくなる状況に陥ってしまうわけだ。

これでは本末転倒。こういった事態を避けるためにも、「妙な無理や背伸びをせずに『自分の言葉』で語る精神でこそ、異文化コミュニケーションも豊かになるはず」という発想を心掛けた。

番組自体も、フォーマットを作っては壊しの試行錯誤の連続。制作側も、視聴者の方々の反応をいただきながら、発展途上の気持ちで、実験精神の塊の番組を作り続けようと思っていた。守りに入ったらおしまい。さまざまな企画やコーナーに、どんどん挑戦し続けた。

結果的に、ニュースリポートあり、コントあり、ゲストトークあり、セレブインタビューあり……。そして何より、こうしたさまざまなコーナーをつないでいく「ナビゲーション」が、番組の最も重要な流れを作る。ジョン・カビラさん、クリス・ペプラーさんらによる英語ナビのシャワーだ。極めてラジオのＤＪ的なバリエーション、ランダム感、そしてリズム、ノリ……。お二人のナビさえあれば、なにが入ってきても大丈夫、ジャズの即興よろしく、すべてが心地よさのなかの「表現」となる、そんな感覚があった。

とはいえ、そうした感覚が確信に変わっていったのは、毎週の放送をなんとか自転車操業的に積み重ねていくなかでの、あくまで事後的なものであったことは間違いない。とにかく英語あるかぎり、英語で表現しようと試みるかぎり、番組にならないものはない……、そんな、ある意味無茶苦茶な発想で毎週走ろうとした結果、そのネタの振れ幅の大きさも含めて、多くの視聴者の方々の支持を得られるようになっていったのだった。

野球からサッカーへ――プレースタイルを進化させる

このさまざまな取材対象のバリエーションは、じつはそれなりに苦しい台所事情が生んだ苦肉の策でもあった。五、六人のディレクターで毎週放送を出していかねばならない状況のなかで、各回に複数のディレクターが関わって、一本の三〇分番組を作るという、やや変則的なスタイルの制作体制をとることになった。

当時、毎週放送するＮＨＫの生放送ではない番組の多くは、ひとりで一回分を担当し、ローテーションで回していくことを基本としていた。たとえば、四月の一週目の回を担当したディレクターは、次は六月の二週目の放送を担当するといった具合だ。プロ野球の先発ピッチャーのローテーションのようなものだ。その方が、責任を持って各回を「完投」できるわけで、それはそれで理にかなっている。

しかし、この番組に割り当てられたディレクターは少なく、しかも取材対象は多岐にわたる。そこで発想の転換を迫られた。野球でも、先発↓中継ぎ↓クローザーという分業での投手起用の発想が生まれたように、ひとつの番組を、皆が協力し合って成立させる発想が必要になったのだ。

そうした視点から見た時、『英語でしゃべらナイト』は、各回のテーマががっちりと決まっていて、それに向けてきちんと構成していく……そうした「正統派」の番組ではない。毎週、手を変え品を変え、楽しさに満ちた英語シャワーのなか、英語が話されるさまざまな「場」をお見せしていく番組なのだ、と開き直ったのだ。

街場のネタを拾うコーナーロケ、ショートコントを入れ込むコーナー、来日したハリウッドスターなどに、俳優さんたちが勉強中の英語で挑戦するセレブインタビュー……。それぞれロケできるタイミングも異なるため、ロケする場面も分業、継投で乗り切る方式にした。複数のディレクターが同時進行で走り、それぞれが撮ってきたものを、デスクやプロデューサーがバランス良く並べていく……、走りながら構成を考え、編集室で帳尻を合わせていく、そんな制作スタイルを生み出した。

そして、そうした野球でいう「継投」は、さらに他のゲームスタイルをイメージさせるように進化していく。今度はサッカーだ。複数のフォワードたるディレクターが並走し、目配せしながらゴールに向けてドリブルしていく、そして番組デスクは良きミッドフィルダー＝「指令塔」として、大きく右へ左へボールを振る……。プロデューサーは監督。配置と戦術を考え、全体のゲームメイキング、試合の流れを読む。そんな役割分担で、まさににぎやかに走りながらゴールを目指すことになっていった。

野球からサッカーへ。ゲームのルールそのものを変えていくことで、毎週の放送を乗り切り、「バラバラ」の素材、その多様性を、むしろ逆手にとって活かしながら力に変えていく。そんな制作システムの実験でもあったのだ。

世の中つながらないものはない

もちろん、番組全体の大きな設計図はある。インタビュー、トークの狙いもある程度はある。しかし、コミュニケーションというものは、まさに生き物。その時々の状況で、どんな話がどんな風に盛り上がるかなど、収録してみないとわからない。

その際、果敢に前に攻めていったディレクターたちが、現場で面白いと思ってロケ映像に収めることができた話を、今度はいまいちど、「視野の広さ」と「バランス感覚」を忘れずに、さまざまな視点から再構成していくことになる。

そのプロセスには、編集マンと、デスク、プロデューサーも参加し、シーン、シークエンスの整理、「並び」をつくっていくことになるのだ。一見つながらないものをつなげていくこと……この作業から、逆に頭が活性化され、固定観念は壊され、視点は自由になっていく。

ここには、ある種「ブリコラージュ」のような面白さがある。ブリコラージュ。フランスの文化人類学者クロード・レヴィ＝ストロースが、かつて『野生の思考』（みすず書房）のなかで提示した概念で、ありあわせの道具や材料を用いて、当面の状況をしのぐべく作業することを指す。物事すべてに因果関係を求める科学的な思考とは対極にある、頭ではなく手作業のなかからとりあえずの形にするセンスとでも言えばよいだろうか？　秩序だった状況ではない時、未知の状況でこそ、このセンス、対処の技法が威力を発揮することになる。

この名づけがたい作業を続けていくなかで、思考にも影響が生まれるのだろう。神経細胞＝ニューロンによって張りめぐらされた脳内のネットワーク、そのつながりにさまざまな連結の可能性が生まれていくイメージだ。思いも寄らぬものを本来の目的以外のことに用いることで、当面の危機を回避する。そのひとつの行為が、新しいネットワークを生み、次の未知なる事態への対応力も高めることになる。

迷宮状の網の目。まさに、ここで連想されるのは「リゾーム＝根茎」だ。フランスの哲学者ジル・ドゥルーズと精神分析学者フェリックス・ガタリの共著『千のプラトー』（河出文庫）に登場する概念、リゾームは、「ツリー＝樹木」と対置され、どこからどこへどうつながるか、その無節操なまでの関係性に可能性を見出す思想だ。近代社会がツリー上の位階構造、つまり上から下への整然たる命令系統、秩序を持っているの対し、そこを越えていく新たな関係性を生む可能性に賭けるために、地下ではりめぐらされた根の姿を示したのだ。

編集というブリコラージュを行ない、脳内が活性化されることで、プロデューサーの頭のなかは、リゾーム化していく。新たな関係性から新たな発想を生む。後に述べるが、教養エンタメの制作とは、ポストモダン思想の実践にほかならない、という一例だ。

さて、いわば局所戦の成果と、大局を見た時の成果は異なるもの。集まってきた「映像素材」を並べて、そのなかにある共通要素と、異質な要素を読み込み、「大きな文脈」を仮説として構築する。その際には、その仮説を検証するような気持ちも大事だが、同時にもちろん、個々の撮影現場で撮られてきた話の文脈を崩すようなことがないよう、細心の注意も払わねばならない。

つまり、個々の話としても「生きている」し、全体の文脈でも「生きている」、それぞれの呼吸のリズムがちゃんと符合している……、そうした、いみじくもジャズの即興のようなバランスのなかで、番組が成立するのだ。不思議な番組だったと思う。

進行形で考える

演出にも悩んだ。テレビの世界では、じつは禁じ手を行なっている番組でもあったからだ。テレビという媒体では、どうしても映像が勝ってしまうもの。「テレビの文法」としては、たとえば英語問題は穴埋め問題でせいいっぱい。それもクイズ化して、回答は一単語、もしくは○×方式でわかりやすくすべきだというのが王道の演出だ。

大学入試問題を取り上げる際のように、長文を画面に映し出した場合、視聴者が生理的にその画面を受け付けず、チャンネルを変えてしまうこともある。長文問題の解答を出す時にも、五～六行の英文が出てきたら、わからない人は嫌になってしまう。

本来であれば、そうした出題の仕方はテレビではタブーなのだと思うが、しかし時に思い切って、いろいろと挑戦した。

生理的に嫌われることは避ける、それは当然のセオリーだろう。だが、時に本質を理解してもらうためには、複雑な内容も恐れずに表現することも大事なのではないだろうか。

もちろん細心の注意を払い、演出も工夫を凝らすという条件つきではあり、また独善に陥ってはいけないことも確かだが。結果的に、番組ではいろいろなタブーに挑戦、熱心なファンにも助けられ、難問や長文を扱っていても、多くの方に継続して観ていただくことができた。

今思い返しても、こちら側にその「志」の部分があれば、それは伝わり、多少難しいこと、複雑なことでも、それを乗り越えて観ていただけるものなのだと、実感した経験でもあった。

毎週、英語を、そして異文化コミュニケーションを学びつつ、さらに大きくいえば、「テレビ番組」というものの作り方を試行錯誤しながら学ぶ経験でもあったのだ。そしてその経験を視聴者の方々と楽しめれば、これほど強いことはない。「実戦」で学ぶとはまさにこういったことなのだろう。

「難しいこと」「複雑なこと」も、「テレビだからわかりやすく」というところに「逃げる」ことなく、何か表現の可能性はないのかと考え続けること……。逆に、このような要素をどんどん取り込んでいかないと、おそらくテレビに明日はないだろうし、そこに挑戦していかなければ、時代とともによい走り方はできない……。そんなことも考えるようにもなった。

教育学のテーゼに、「最大の効果を上げるには、その主たる目的をむしろ意識させないことが大事」というものがあるという。意識することなく「英語」に接していたら、それがたまたま「英語」で、いつの間にか覚えてしまった……という流れだ。いかにも人間らしい、アマノジャクな性質の話だが、制作陣にとっても、英語を素材として考える以上に、映画でも歌でも楽しいものを見つけ、それを英語の勉強にこじつけてしまおう、というぐらいの大胆さで進んでいっても、なんとか番組にはなるものだということを学ぶ経験でもあったというわけだ。

すべてのプロセスを楽しむ

テレビというメディアを、一つの「開かれた窓」「開かれた場」と考えると、制作者が無理に小さな物語にまとめてしまうのではなく、観てくださった方々がそれをきっかけに考え、そこから得たヒントで人生を豊かなものにしていってもらえればいいと思う。常に「つなげていく」「開いていく」……そうしたセンスが、これからの時代に合っている。

それはユーモアの精神を伴う実験だ。英語に触れている際、好きな映画の俳優のセリフは自然に覚えてしまうのに、「英語の勉強だ」と思った瞬間につまらなくなるように、目的を一度忘れ、そこにたどり着くプロセスを楽しむことが必要なのだ。英語習得だけでなく、番組制作のプロセスにおいても。

そのプロセスを楽しむ。テレビ創成期のバラエティーにも、このような空気があったのだろうと夢想する。その精神をたまたま、国際化といわれる時代に取り入れた結果が、『英語でしゃべらナイト』というかたちをとったと考えると、面白い。まさに、自然に呼吸して時代の空気を吸うことで、番組が生まれるのだと思う。その意味では、常にジャンル分けを拒むものでありたいとも思った、最初の経験だった。

「わかる」「わからない」で言ったら、「わからない」ことの方が多いかもしれないが、そこで妙に無理をして都合のいい解釈をしてわかった気になるのではなく、あえて言えば「わからない」ことに耐えて、「わからない」ことを楽しんでしまうことこそ、大事なのではないか。コミュニケーションに絶対の正解はないのだから。

じつは、グレーゾーンのなかにこそ、多様な考え方や視点が潜んでいるのかもしれないのだ。もどかしい想いをすることも時にあるが、その時はユーモアをもって、世の中の多様性を受けとめればいい。

ディレクターたちも皆、共通するコンセプトをベースにしつつも、それぞれのテーマ、問題意識で、多様な演出、試みに挑戦しようとしていた。そしてこの番組は、じつは次の一つの新しい試み、ステージを、無理なく準備することにつながっていた。

それが、爆笑問題に東大の教壇に立ってもらおうという企画だった。

教養というジャンルはない？　何が教養か？

『英語でしゃべらナイト』の好評を受け、そこから「はみ出す」ようにして産み落とされていった『爆笑問題のニッポンの教養』、通称『爆問学問』は、ひとつの実験的な場をつくることからスタートした。

東大教養学部で、爆笑問題を招いてのシンポジウム。テーマは「教養とは何か？」日本の最高学府の教養学部で語られる「教養」。語る相手は「お笑い芸人」。この異文化コミュニケーション……、今でこそお笑い芸人と学者の組み合わせは珍しいものではないが、当時は、その意外性で話題になった。多くの方々に驚かれ、また心配もされたこの企画。しかし僕個人には十分な「必然性」があったのだ。「東大教養学部」と「爆笑問題」という組み合わせ。話は、僕の大学生時代にまでさかのぼる。

教養とは何か？　古今東西の碩学が、さまざまな定義を与えてきたこの言葉に、いまさらのようにこの番組がしたり顔で新しい答えを付け加えようなどと不遜《ふそん》なことを思っていたわけではない。それにしてもこの問いが、年々複雑な陰影を帯びていることは間違いない。

かつての旧制高校時代の「デカンショ」（＝デカルト、カント、ショーペンハウエル）に象徴されるように、西欧の哲学・思想をものすることで「精神的成長」を遂げようと青年たちが背伸びし合う、甘酸っぱく牧歌的な光景がもはやノスタルジーにすぎないとすれば、現代の教養とは何だろうか？

ネット時代に適合できるリテラシー？　それとも知識人の慰《なぐさ》み？　いっそ死語として抹消すべきなのか？

この番組の企画実現にあたり、この「教養」という言葉の本質を問う価値があると考えた。否応なく変わりつづける時代の荒波のなか、身を守る術を、生きる羅針盤を「教養」に期待できるのか……。

ともあれ、この反時代的な問いを通して、今という時代の置かれている状況を逆照射してみたかったのだ。

ちなみに、「教養」という言葉、個人的にも想いが深かった。かつて僕の所属していたのは「教養番組部」。歴史、美術、ドキュメンタリーなどの分野の番組を制作するこのセクション、今はもう名称を変え存在しないが、取材先などで名刺を差し出し、その名称が話題になるたびに、ある種の感慨を抱いてきた。

時代と「教養」との線の交わり方……。単なるジャンルではない。優雅なものでもなく、もっと切実な、真摯に生きようとする人間が通るべき思考の手続き……。

僕はいつの間にか、勝手に思うようになっていた。教養というジャンルはない。ある事象に対峙するその姿勢、スタンスのなかに教養はある……。

そんな想いを抱きながら、「教養ディレクター」としての日々を過ごした。

「教養」×「笑い」=?の原点

学生時代にも、原点がある。駒場の「四畳半フロなしトイレ共同」の下宿生活。何の酔狂か、籍のない東大教養学部・駒場キャンパスに出没、しばしばさまざまな講義に潜りこんだ。当時、学生生活二年目を迎えるにあたって、僕は、自らが籍を置くのとは別の大学のそばに居を構え、二つの大学の間をウロチョロするという妙な計画を実行した。すでに前の章でも述べたが、今後の人生を生き抜くうえでの必要な栄養分を吸収すべく、「精神的な下部構造」ともいうべき何かを得たかったのだ。

それは切実なものだった。その時、この大学の「教養」学部の独自性に惹かれた。「教養」の得体の知れなさに僕の妄想は膨らみ、その果てに、ついには「教養ディレクター」なる、これまた得体の知れぬ職業があると道行き考えるようになって、今に到ったのだった。

それにしても当時の駒場は、僕にとって不思議な魅力を備えた劇空間だった。個性的な教授陣が、さまざまな学問の世界を展開する。その講義は、聴き手の想像力次第では、さながら知のライブとなる。アカデミズムとひとことで表現するのもためらわれる、ダイナミックななにものかだったのである。

似たような思考の「癖」を持つ友人と、講義後、思い切ってある教授に質問し、思いがけず丁寧な解説をいただいた時には、身体の底から湧き上がるエネルギーに突き動かされ、興奮のあまりしばらく前後左右の方向を見定めぬままキャンパスを語り続け歩き回り、三〇分ほどしてようやく、自分たちがいったいこれからどこへ向かおうとしているのかわかってもいないことに気づき、二人で同時に笑い出すなどということもあった。

あの時の不思議な高揚感は忘れようもない。聖と俗を越える思考のダイナミズム……。いつしかこの劇空間の教壇に、当時から漫才という主戦場にあっても既成のジャンルにははまり切らず、危険な可能性のきらめきを放っていた時代の寵児《ちようじ》・ビートたけしが立つことになったら面白いだろうな、などとその友人たちと語り合っていた。

そして、そんな想いは、ようやく二四年後に実現した。ある意味ではたけしさんの後継者ともいうべき、ジャンルを横断する才能である爆笑問題を東大に迎えることによって。もうひとり、小林康夫教授という教養人の多大なる協力によって……。

こうした役者が揃い、丁々発止、知の異種格闘技が成立した。しかし、二〇歳の頃の原風景が、今なお褪《あ》せることがない僕個人の感想としては、これは異種格闘技でもなんでもなく、常に自らの思考の足場を問いつづけずにはいられない切実感を共有する人たちとの真摯な対話の場以外のなにものでもなかった。

「教養」と「お笑い」……。さまざまな記号が、楔《くさび》のように心の奥底に打ちこまれていたことが、長い時を経て形となる、この数奇さを、どう感じてくださるか……。意識の底に刻み込まれた強い感情、想いが、何かのタイミングで噴き出し、形となる、ひとつのケーススタディーと受けとめていただければ幸いだ。

『Jブンガク』——分裂の向こうにある可能性

「天は人の上に人を造らず、人の下に人を造らずと云えり」

言わずと知れた、日本人なら誰もが知っている福澤諭吉の『学問のすゝめ』の冒頭だ。

これを英語に直してみたら……。この一五〇年前の、先達による当時の日本人への力強いメッセージを、今英語にしてみたら、どんな広がりが生まれるのだろうか？　日本語がわからない海外の方も、ある種の感慨を持って受け入れてくれるのだろうか……？

そんな不思議な試みが、『Jブンガク』なる企画だった。『英語でしゃべらナイト』で六年近く、毎週さまざまな異文化体験、コミュニケーションの背後にある文化や感性の多様性と触れ合う経験をしてきたことで、「外」からの眼差しを、「日本文学」にも向けてみたら、どんな世界が開けるか、という問いが生まれてきたのだった。

誰もが知る日本文学の名作のなかの、いくつかのフレーズを英語に翻訳。日本語での味わいと、英語化した時の味わいを比べ、そこで得られるもの、失われるものを考え、そのプロセスを通して、日本的なるものの本質に迫ろうという試みだ。

Jブンガク。「J」「ブンガク」……。海外での「日本」の表象であるアルファベット一文字と、エキゾチシズムを誘うカタカナ。このシンプルな組み合わせによる番組タイトルのなかに、ニッポンの国際化の位相の変化、内外の視線の交錯、果ては、「他者性」とは何か、といったテーマがちりばめられている……、などと見得をきったら、制作者の欲目と失笑を買うだろうか。

だが、いささかの妄想を自覚しつつも、日本文化を取り巻く状況への複雑な感慨が、そのタイトルのなかに込められていた。じっさい、九〇年代後半からゼロ年代にかけて、日本に対する海外からの眼差しは大きく変化した。グローバリゼーションで市場の論理が世界を呑み込み、その結果、さまざまな文化のキャッチボールが世界規模で起きたのだ。

「極東の島国」「東洋の神秘」「なぞの微笑み」「エコノミック・アニマル」……さまざまな紋切り型から、よりポップに変わろうとしている「J」。世界を席捲《せっけん》するニッポンカルチャー。今や日本は、ゲイシャ、スモウ、ハイテクの国から、アニメ、スシ、ゼンの国になって久しい。

平成の国際化ニッポンの軸足を、どこに置くべきなのか？「しゃべらナイト」時代の「隠しテーマ」が、メインに躍り出た企画ともいえるのかもしれない。

かつてはパフィーが、宮崎アニメが……、その後もきゃりーぱみゅぱみゅが、初音ミクが、とさまざまなポップカルチャーが、ニッポンという記号となって世界のプロジェクターに投影され、乱反射していった。そしてこの乱反射は、ネット上で加速度を増す。日本、ニッポン、JAPAN、J……。この国がいまだかつてない新たな状況に直面するなか、あえて英語で、日本文学というジャンルの再定義をしてみることで、その意味するところを考えてみようという企画だったのだ。

（略）今日、「日本」は二つの異質な存在に分裂しつつある。一方には、アジア諸国に広がり、現地法人や工場を設立、越境的な情報と物流のネットワークを形成するグローバル資本の一部としての「ＪＡＰＡＮ」がある。他方で、そのようなグローバル化する資本に取り残され、崩壊する地場産業や限界状態に達した農村の中でもがく「国土」がある。

（『ポスト戦後社会』吉見俊哉、岩波新書）

この「分裂」をどう生きるか。近年叫ばれる「日本文化を海外へ発信」「現実の日本を海外に紹介」することの重要性もよく認識しているつもりなのだが、誠実に考えれば考えるほど、心は乱れ、引き裂かれる。そもそも何が伝えるべき「日本文化」なのか、何が「現実の日本」なのか。

明らかなのは、九〇年代以降、「日本」やその「国民」は、問いの前提ではなく、むしろ問いの対象となったことである。たとえば「日本人」とは、いかなる条件を備えた人々のことか。国籍は民族と必ずしも一致しないし、海外ではすでに多くの「日本人」が、現地の生活や文化にすっかり溶け込んでいる。国内でも、数多くの外国籍の人びとが地域社会に溶け込んでいる。多国籍化した「日本」企業の利害は、もはや必ずしも日本国内の利害とは一致しない。それにもかかわらず、メディアはますます「日本人」のアイデンティティを強調し、「日本」をより強固な歴史の主体として立ち上げようとする主張も広がっている。

いまやこの社会では、多くの人びとの間で「日本」や「日本人」の定義が合致しない。それらをどのように定義するかが、歴史的で政治的な問いとなってきたのである。

（『ポスト戦後社会』）

分裂した日本、定義を求める日本人……。そんな時代の底にたゆたう疑問そのままに、あえて、分裂のせめぎあいのなかに身を投じるべく、『Jブンガク』は誕生した。何の因果か、「極東の島国」に魅せられて来日したNY育ちの文学者ロバート・キャンベルさんと、海外のポップスを浴びて育ったシンガー依布《いふ》サラサさん。この錯綜する二つのベクトルによる、不思議なねじれをはらんだクロストークを中心に置いてみた。

江戸文学を専門とし、東大で教鞭をとるキャンベルさんによる解説は、もちろんアカデミックな堅牢《けんろう》さにあふれているが、どこか微妙にコスモポリタンの眼差しが投影され、当然、単なる客観的な解説とはならない。また一方、サラサさんの文学に対するアプローチも、作詞を生業《なりわい》とする人ならではの言葉への感受性とともに、ケータイ小説世代のセンスも折り重なる。

この両者の揺れが生み出す波紋は、時に重なり時に離れ、その干渉がまた新たな波紋を呼び起こす。一見何気ない会話、やり取りのなかに、「国際化ニッポン」の風景が見え隠れすることが狙いだった。

サラサさんの父・井上陽水さんの世代が抱えていた政治的なメッセージ性は、もはや消えた、……はずなのだが、とはいえ、そこには若干、湿り気からは解放された後の、古くて新しい問いが、デジャ・ヴのように待っている。

純粋なニッポン文学とは？　ニッポン文化とは？　ニッポンとは？

六〇年ぶりの「雑種文化論」

戦後の日本文化論の変遷は、乱暴に要約すれば、日本の「特殊性」を時に否定、時に肯定する、その繰り返しという様相を呈しているように思われる。それは、その時代の文脈に要求された「あるべきスタンス」であったという見方もできる。

しかし、現時点で振り返る時、その「特殊性」にあまりに重きを置くと、それ以上の進展を見ないという意味で、もう少し違う角度からのアプローチに可能性を見出してもよいのではないだろうか?

六〇年以上前に出版された一冊の本、まさに西欧と日本のはざまで思考し続けた評論家・加藤周一さんの『雑種文化――日本の小さな希望』(講談社文庫)は、ひとつの解を握り、いまだ現代の状況にも響く新鮮さを持っている。純粋種としてよりも、さまざまな文化の雑種性のなかに日本の可能性を見出そうという議論だ。

明治以後の近代化のなか、日本はさまざまな概念を西欧から取り入れたが、その際、それを日本語化して、社会に定着させていった歴史がある。たとえば「演説」は、福澤諭吉が「speech」に当てはめた造語である。漢文化を学んだ蓄積をベースに、西洋文化を取り込む。そこに、重層的な文化理解の姿勢がある。そうした文化的な葛藤を、ある意味見事なまでに消化し、それまでになかった概念をその都度その都度、「雑種」的に発明してきた歴史が日本にはあるのだ。

こうした文化のキャッチボールをふまえて、現在の状況も、いたずらに「東洋の神秘」として描くことなく、西欧からの影響を消化した国としての日本の姿を、日本人自らが描く試みは、正しい相互理解のために不可欠だ。西欧に対して理由なき劣等感を抱くか、さもなくば、これまた冷静さを欠いた傲慢《ごうまん》さを示すのか……、その両極端を振り子のように往復運動する不毛からは抜け出さなければならない。そしてその時に、新たな「雑種文化」論が見えてくる。

日本文化の本質を「日本特殊論」に求めていくのではなく、「雑種性」に注目して展開を試みる。すなわち〝西欧的なもの〟を翻訳し取り入れつつ、〝日本固有のもの〟と巧みに共存させていく……、この「無節操さ」「アレンジするセンス」こそが日本だと考えてみることも、あながち無駄ではないはずだ。

日本の今後の可能性を、「雑種性」＝ハイブリッドに求め、世界と融合する日本文化の現在、そして西欧文化と共存する日本文化の現在を見つめること。「日本人とは何か」「日本を日本たらしめているものは何か」……硬派なドキュメンタリーで真正面からとりあげてもよい問いを、あえて大上段に構えずに、エンターテインメントのなかでぼんやりと遊ばせてみることで、やがて明確な像を結ぶこともある。

「J」の分裂に対抗するには、聖か俗か、ハイカルチャーかサブカルチャーか、という問いすらも、微妙にズラす戦略こそがふさわしい。〝オーソドックスかつアナーキー〟な（?）

〝真摯な戯れ〟。〝ハイブローかつポップ〟な「新・雑種文化論」誕生の可能性だ。

ポップカルチャーの人気とはうらはらに、近年、西欧の知識人の間では、日本の存在感が年を追うごとに失われているとも聞く。八〇年代、バブルを背景に世界的な関心を集めた「極東の島国」は、いつの間にか凋落《ちょうらく》、もはや魅力ある国として世界に訴える力はない、ということなのか。経済の凋落のなか、黄昏《たそがれ》の文化が花開く国という見方もできるのか？

しかしそれを逆手にとれば、ようやく、等身大の日本を、日本人自らが肩の力を抜いて語り出せる時がやってきた、ということでもある。

たとえば歴史的に振り返っても、ヨーロッパの国々であれば、相手の文化の独自性を認め、安易な解釈を許さぬことを前提に、交渉を進める基本姿勢がそこにあった。それに対して日本は、「無節操」に、相手の文化を自国の文化に取り込んでしまうのだ、批評的解釈を微妙に加えながらも。

そしてまた同時に、生産性、効率性を高めるという理屈のもとに、とりあえず「わからないことをわかる」ことにして、日本的な文脈に無理やり置き換えて進むことを余儀なくされてきた側面もある。

いずれにせよ、良くも悪くも「雑種性」とともに、日本文化の歴史があり、そして今がある。

反転する時代の流れのなかで、このしたたかな「雑種性」は、世界に向けたメッセージになる可能性があるのかもしれない。乱暴に要約すれば、この何十年日本は、表象レベルで、アングロサクソン・スタンダードに対応することに精一杯だったともいえるが、今こそむしろ、アジアの国々とヨーロッパの国々との文化のコラボレーションを考えるべき時なのではないだろうか。

それは、きれいごとでは終わらない、軋轢《あつれき》、亀裂の経験となるかもしれない。しかし、逆説的にいえば、その「コミュニケーション不全」こそが、真の理解へのスタートでもあるのだから。「わからない」ことをわかるのだ。

「英語の一人勝ち」は、じつはさまざまなコードを世界に散乱させる契機にもなっている。単に言葉の問題ではなく、イメージの衝突、文化の衝突が世界中に広がっている、という見方もできるのだ。このグローバルスタンダードという名のコード乱立の時代が、新たな表現のフレームを要請し、『Jブンガク』という分裂を抱え込む表現をとってみることになった。

ところで、冒頭で触れた福澤諭吉の一節、アメリカ大統領の演説に着想を得ているらしいと言われる。してみると、福澤自身が、「英語に直す」どころか、「英語から発想した」結果が、このフレーズに凝縮されているわけなのだった。

一五〇年ぶりにボールを投げ返した『Jブンガク』。文化のキャッチボールに終わりはない。

福澤諭吉も変人？

内外の視線の交錯から生まれる企画。それは、国と国との関係に限らない。あるひとつの集団のなかで生まれた価値観から自由であり続けようとする時、人は時に「変人」と呼ばれる。同調圧力が高いといわれる国では、「変人」はじつは貴重な存在なのかもしれない。

そして、その「変人」の言葉は、その時代その共同体の枠組みにははまりきらず、「暴論」扱いされることが多いが、じつは後に「正論」だったことが判明したりもする。

その繰り返しが、歴史だったのではないか？　そんな見方で、いわゆる偉人といわれる人物のエピソード、言葉を、今によみがえらせ、検証してみることには意義がある……。

そんなところから発想した番組が『〝変人〟の正論』だった。

今度の異×異は、変人×変人だ。二〇一四年の話だが、当時、提案の際にこんな企画メモをしたためた。

相変わらず閉塞感漂う日本。「半沢直樹」に「リーガルハイ」に、はたまた「ドクターX」に、快哉《かいさい》を叫ぶ視聴者の心には、常識外れの発想、戦い方で事態を切り拓く「変人」への期待がある。変人の暴論、それは現代のネット社会には、時に炎上を招きかねない危険なもの……、しかしよく聞けば、まったくもって正論との見方も……。時に古今東西の歴史は、「変人の暴論」によるブレーク・スルーの連続だったのではないか？「暴論」はやがて「正論」となる……コロンブスの卵、逆転の発想。アマノジャクの逆説が、時代を穿《うが》つ！　さあ、今こそ、現代ニッポンに「変人」を解き放とう！

今回の「変人」は、あの福澤諭吉。江戸～明治の教育者。旺盛な好奇心で海外に飛び出し、西洋文化を学び取り、近代日本の礎を築いた啓蒙活動家。だがその主張こそ「変人の暴論」だった。もし諭吉が現代ニッポンの風景を目にしたらどう思う？　筋金入りの「変人」が現代の「変人」と対話する時、どんな化学変化が起きるのか？　諭吉が現代ニッポンを行く！　快刀乱麻、呵呵大笑《かかたいしょう》……、天下御免のトンでも痛快教養エンタメ。

じっさいの番組は、極めてシンプルな演出だった。福澤諭吉の書を数多く現代語訳し、彼の思想を血肉化したという齋藤孝さんに、特殊メイクで諭吉となってもらい、山里亮太さんに一番弟子として付き従ってもらい、現代社会に二人が甦《よみがえ》ったという設定で、さまざまな現代の「変人」とトークを繰り広げていく。

ネット上につぶやきがアップされる。曰く、「親友なんていらない！　人間は所詮ウジムシだ！」。カメラが回りこみ、その発信者を捉えると……、ニッポン近代化の父・福澤諭吉だ。「毒舌」「暴論」に思えるその言葉に、仮想空間はたちまち炎上。当時の諭吉自身のじっさいの言葉。多くの非難コメントで空間が埋め尽くされる……。

だがネット上の反応によく目を凝らせば、なかには禿同《はげどう》（＝激しく同意）の文字も……。賛同者はいったい誰？　彼らに会いたいと、諭吉が時空を超え、現代に甦る。現代の「変人」との対話……というわけで、俳優にして司会者の坂上忍さん、当時の慶應義塾塾長の清《せい》家篤《けあつし》さん、生物学者の池田清彦さんという「現代の変人」の面々と次々にトークしていただく、という次第だった。

天才は天才を知る、変人は変人を知る、というわけで、一見暴論に聞こえることが、ちょっと視点を相対化すると、じつは正論であることも見えてくるかも……、という、ゆるやかなトークでありながら、視聴者にも第三の話者として参加していただけるようなゆとりを目指した、教養エンタメだった。

「親友なんていらない」というのはギミックで、正確に言うと、「莫逆《ばくげき》の友なし（『福翁自伝』）」という言葉などから、「頼り合う友だちではなく高め合う友だちこそが大事で、その意味で、自分の心に正直になることなく追従《ついしょう》するような友はいらない」「自分の考えを曲げてまで交際を求めない（『福翁自伝』）」という福澤流「嫌われる勇気」にもつながる精神を、多面的に表現したのだ。

その他にも、「信の世界に欺詐多く　疑の世界に真理多し（『学問のすゝめ』）」などの言葉を紹介、日本的な同調圧力に負けることなく、自分の頭で考えて、カラカラと清々と生きることを推奨した、アマノジャクな諭吉からのメッセージを織り込んで番組を構成したのだった。

ちなみに先に勝海舟の言葉を引き、ここで福澤諭吉と、幕末から明治の時代の激変期の群像にも触れたわけだが、彼らこそ、いつもイメージしていたのは、一〇〇年単位の対話ではないか。たかだかここで出しているつもりでいる「正解」などたかがしれているのだ。一〇〇年の後にまた理解者が現れるぐらいの構えでもよいのだ。

勝、福澤が生きたのも、現代と形は違うとはいえ、大グローバル化が劇的に進行した時代。自分の頭で考えることが大事となり、付和雷同では済まない時代の到来に対して、他人を信頼しても依存はしない「独立自尊」（福澤諭吉）の精神がそこにある。

『英語でしゃべらナイト』から始まった異文化コミュニケーションは、いよいよ、歴史上の変人と現代の変人の対話の形をとるまで、続いたのだった。

Ⅳ　番組は未完成でいい——フレームの内と外から見えるもの

映像の物語とは何か？

さまざまなカット、シーン、要素……。いったいどこからどう語りだし、どう展開していけば良いのか？　番組の編集作業には本当に正解がない。

たとえば、『建築は知っている　ランドマークから見た戦後70年』という新春の特別番組を手掛けた時のこと。その前年には『ニッポン戦後サブカルチャー史』という番組も制作し、こちらはサブカルチャーという、日本においては定義が難しいジャンルをあえて基軸に据え、戦後史を振り返って考えてみようという試みだったのだが、その流れを受けて今度は建築。誰もが知る建築物がこの世に現れた時代、その竣工の背景に着目することで、この国の戦後の歩みを考えてみようというわけだ。

番組冒頭のナレーションでは、〝建築は、時代時代の人々の心のありようを映し出している〟という宣言がなされ、番組は展開していく。

しかし、こうした番組は、なかなか厄介なもの。なぜなら、一人の人物を追いかけるドキュメンタリーなどとは異なる、輻輳《ふくそう》する難しさがあるからだ。なにせ、取材対象は人物ではなく時代だ。ゴチャゴチャの要素が入り交じる捉えどころのないものを主人公に、その軌跡を描いていくことで、視聴者にあるイメージを伝え、抽象度の高い認識をしていただかなくてはならないのだから。

一例をあげれば、誰もが知る新宿のランドマーク、東京都庁。旧都庁舎から現在の新都庁への移転計画が持ち上がったのは、一九八四年、バブル前夜であった。戦後初の大型コンペが行なわれ、その過程では、丹下健三、磯崎新という建築界の巨星たちの師弟対決もあり、最終的に丹下案に決定。あの現在の壮麗な高層建築が生まれたのである。

ちなみにその竣工の翌年に奇しくもバブルは崩壊、それから日本は「失われた二十年」とも言われる暗いトンネルを経験する……。

仮にこんなストーリーがあったとしよう。こうして、ある「物語」を語ることで、視聴者の方々にある「情報」を届け、ある「感慨」を生み、ある「思考」のきっかけを提供するのが番組の狙いでもある。

こうした「物語」というものにまつわるジレンマは、また別途考えたいと思うが、この項で着目したいのは、映像の構成、いわゆる「つなぎ」をどう展開していくか、というテクニカルな問題についてだ。

「ある建築物が建った」という事実を伝えるためには、極めて単純化してそのプロセスを分解すると、

A　建築物の形状、様式、素材などについての情報
B　建築家・丹下健三と、コンペでライバルとなった磯崎新についての情報
C　建築物と建築家を結び付けた背景にあった事実、事件などの情報

という要素に分けられる。A、B、Cを映像的に組み合わせて番組は展開する。その時、じつはもうひとつ大事な要素がある。

D　時代を彩る、社会風俗、大衆的な現象などについての情報

これは、独立してある項目ではないのかもしれない。しかし、常に、A、B、Cにも微妙に関わっていることだろう。バブル前夜の時代状況のなかで選ばれた、国際都市東京の存在感を世界に示すための高さ、堂々たる威容（A）、それは丹下健三という建築家のしたたかなビジョンであり、設計の哲学（B）であると同時に、彼の背中を押すだけの当時の財政状況、経済指標の伸び、東京の地価高騰（C）など、こうして書き出してみると、どこでどう

「分ける」べきファクターか迷うぐらいに、すべての事象は絡み合っている。

だが、ひとまず、要素を丁寧に整理、分解し、この映像にこのナレーションをあてる、という番組構成の設計をし、時間軸の上に並べていかねばならない。そして、そのうえで、経済と情報の大きな流れがすべて首都圏に向き、消費のスピードが加速化し、ジャパン・アズ・ナンバーワンという称号に多くの日本人が酔っていた時代（D）というところも、全体の文脈として体感してもらえるようにしていくのだ。

これは、映像で語るということの難しさと面白さを表わしている。こうして見ると、番組は、A、B、C、Dの四つの位相からなっているということもいえる。

そして最後に、テレビ映像という、多くの方々の関心を喚起し、情報の理解を助けるための映像の、順列組み合わせの実験が、編集室で行なわれる、というわけだ。

「新都庁建設」という「物語」を語るためには、「時代」という主人公の物語を語るためには、A、B、C、Dのいったいどの要素から語り始めたらよいのか？　その前後には「ニュータウン建設」「六本木ヒルズ建設」などのさまざまな物語があるわけだから、この「新都庁建設」だけを考えればよいのではなく、番組全体の時間尺を考え、俯瞰の配置図を考えなければならない。

こうして番組のシーンの積み重ね方が決まっていく。すべてのファクターが「時代を描く」という大命題のもとに収斂《しゅうれん》していくように配置されるべく。部分最適の論理と、全体のビジョンと。さまざまな位相による論理の展開と。映像編集は、細部に注意しつつ、全体を一挙に捉える、デジタルとアナログが共存した作業だといえるのかもしれない。

そしてなかでも最も映像作品として考えねばならないのは、A、B、C、Dの「構造の配置」であり、「関連性の考察」だと思う。

断片をつなぎとめる

映像編集に限った話ではない。物語をどう紡ぐか?

もちろん活字によるノンフィクション作品でも、このAから始まるさまざまなファクターをうまく組み合わせて本質に迫り、なおかつ読者を飽きさせない工夫は行なわれているものだ。メインの事象とそれを動かす人物のメンタル、精神形成の土壌、そして文化的背景を大きく語ったのちに、象徴的な「物証」で証明していく……、など大きな文脈を作っていく意味においては、活字の作品の創造と、映像制作の創造は、クリエイティブに試行錯誤する進め方においては、ベースは一緒だろう。

しかし、決定的に重要で異なるのは、「映像で語る」際には、「映像をもって語らしめる」がゆえの文法、文体がそこに生まれることである。

映像は、時間だ。映像の連鎖による、時の流れなのだ。四九分の番組なら、嫌でも、四九分で終わる。全体尺も大きな制約だが、同時に、アタマから展開したら後戻りできないという流れの制約も大きい。

もちろん、今は、録画して繰り返し楽しむ方も多いし、何度も好きなシーンを見ていただけることを狙う、そんな表現の試みもあるだろう。

だが、番組の原点はまず、一度しかご覧にならない大多数の視聴者の方に向けての制作だ。とすると、さまざまなA〜Dという要素、その組み合わせ方で固まる番組構成、映像の順序に、最も心を砕いていくことになる。構造の配置が物語のドラマツルギーを決めていくのだから。

少し具体的に先の例で考えてみよう。(A) 都庁、(B) 丹下、(C) バブル時代、(D) 国際都市東京……という映像のファクターがあったとする。

A→B→C→D

「東京都の新たな顔」は「時代を代表する建築家」の手によって建設され、「バブル時代」の象徴ともいうべき姿となる。日本に注がれる「世界からの熱い眼差し」に応えるように……。

では、まったく逆の映像のつなぎ方ならどうなるか？

D→C→B→A

豊かさで「世界から注目を集める」日本、時はまさに「バブルへと向かう」最盛期、「時代を代表する建築家」は、「東京都の新たな顔」に自らの想いをこめる……。

かなり単純化した例だが、ここに生まれている「文脈」に注意してみてほしい。前者では、順に話が広がり、この後、大きく時代を語り、世界の状況を捉えよう、という方向に「問題提起」が行なわれ、見る方の意識も促していくことになる。

それに対し、後者では、都庁建設において、丹下さん自身のなかにあった問題意識の方向に話は収斂していく。

つまり、映像の連鎖は、思考の流れを喚起する。その際に、「感情」のうごめきを刺激しながら展開する。さらに物語の文脈も決めかねない。そうした要素も考えあわせて設計されなければならないのだ。

そしてさらに厄介なのは、皆さんもよくご存じのように、「映像」は一義的な記号ではない、ということ。今、極めて単純化してA～Dと記号化し、ひとまず説明してみたわけだが、映像とはじつはもっとぐちゃぐちゃとしたもので、一義的なメッセージからはズレていく多義性を持っている。同じ映像を見ても、そこに見てとる情報、感じ取る想いには、さまざまな幅があるのだ。その幅を想定しながら、構成順序は検討されていかねばならない。この複雑さ……。

こうして今、文章であえてわかりやすく伝えようとしていること自体に矛盾と限界を感じ、自らを滑稽に感じるが、このややこしさに誠実に付き合っていくことが、「正解がない」、だからこそ面白い、映像制作という仕事の醍醐味のひとつだといえるのだろう。

いつも、ゆらゆらと動き、乱反射する断片をつなぎとめ、そこに、揺らめきながらも生まれる秩序のようなものを考え続ける作業。悶々とモヤモヤを抱え続けるプロセス。

じつはそれは、人生というものに向き合う時のモヤモヤとも重なるものなのかもしれない。

すべては思い込みにすぎない？

「わかる／わからない」「わかりやすい／わかりにくい」……。日常よく聞くこれらの言葉。後者より前者、わかりやすさが求められることは当然だろう。

だが、その「わかる」ということ、少しだけ丁寧に考えてみると、簡単にそうとばかりはいえない気分になるはずだ。

マスコミの人間だというと、わかりやすく言葉にする人、複雑な事象を単純化して説明する人、というイメージを持たれてしまうらしい。もちろん、マスコミュニーケーションの仕事は、読んで字のごとく、大衆とのコミュニケーションだから、間違いではない。

だが、そうしたあり方ばかりが表現というものではない。時に、ややこしい状況そのものの複雑なニュアンスをむしろ誠実に伝えたいからこそ、少々歯ごたえがあっても、そのまま忠実に表現しようとすることもある。

また、さらに番組という企画性の高い枠組みでは、ちょっと事情が違ってくる。

ＡＩの研究者を取材で訪ねた時の話だ。しかもストレートな話題ではなく、ロボットアニメの系譜を懐かしみながら楽しもうという柔らかな企画で。

これはたまたまオーダーがあったからだが、企画というものは、いつもどこかねじれている。ＡＩを知りたくてＡＩを取材、では、ストレートな情報番組になってしまう。もちろんそれはそれで、必要があって求められている場合は良いけれど、やはり何かそこでひと工夫、興味を持って見ていただくための意外性を生みたいのは制作者の性《さが》だ。

それにしても、いつの間にか猫も杓子もＡＩである。数年前に、ディープラーニングという方法論がブレーク・スルーを起こしてからのブーム。さらに決定的だったのは、オックスフォードの研究チームが発表したという、十数年後には今の仕事の半分近くはなくなる可能性が高いという論文。

それを受けてのメディアの騒ぎも大きかった。もちろん、他人事のように言っているわけではなく、僕らとて、ある意味その流れのなかにいる人間。その「話題のテーマ」たるＡＩを、どう企画のなかで扱っていくか？　あれこれ知恵を絞るのだった。

今日の取材に応えてくれたのは、電通大の栗原聡教授。ガンダムに触発されてこの道に……と言うだけあって、アニメの世界のアイテムをひとつひとつ引用しながら、そうした作品を生んだ想像力が、じつは現代の最先端の研究と地続きであることを、うれしそうに熱く語ってくれた。そして、そのうち、アニメの話から人間の想像力へと話は及び、こんな言葉が漏れた。

「大体、すべてが〝思い込み〟にすぎないんですよね、この世界は」

その瞬間、三〇年以上の時を超え、ある記憶が蘇った。まったく同じ言葉を聞いた記憶が、脳内に。

大学三年の時だろうか、確か、三田の階段教室だった。その言葉を口にしたのは、言語学者・哲学者である、今は亡き丸山圭三郎さんだった。確か一九八四年のことだったか、現代思想が「サブカルチャー」的な脚光を浴びていた当時に、慶應で行なわれた特別講演会に招かれた、ソシュール言語学の研究者である丸山さんは、その著書からうかがい知れる、緻密《ちみつ》な思考で学問的な話を厳格に展開するという予想に反し、かなり大胆な話を始めた。

フェルディナン・ド・ソシュールは、スイスの言語学者。言葉のあり方について革命的な考え方をもたらした人だ。たとえば、今、この文章を書いている僕の傍《かたわ》らには、コーヒーカップがある。コーヒーカップという物の存在が先にあり、後からコーヒーが満たされているものに「コーヒーカップ」と名前がつけられた。それが常識的な認識の仕方だろう。素直に考えれば、皆そう思う。製品というモノが生まれて名がつく、当たり前の話だ。

だが、ソシュールはそうは考えない。まったく逆の考え方で、言葉の世界は自立していると説いたのだ。極端にいえば、コーヒーカップを「ケータイ」と名付けても、ケータイを

「コーヒーカップ」と名付けても、おかしな話ではない、と。コーヒーカップが「コーヒーカップ」となったのも、ケータイが「ケータイ」となったのも、単なる偶然。名称による認識の方が先にあると考えてみたら……。

にわかに信じられるだろうか。つまり、なんらかの存在が、言葉の違いの根拠づけをしているわけではない。言葉の方がこの世界を分節し（つまり分けて）、認識しているだけなのだ、と。

それ以前の言語学の考え方は、モノの名前とは、いわばラベルに過ぎない。実在のモノの方が強いというものだった。その考えを一八〇度逆転させたのだ。まず、言葉がある……。

このことは、さまざまな文化のなかで検証される。たとえば、七色の虹。英語では六色で表現されるという。さらに、さまざまな地域、文化では、三色、二色のところもあるという。

あるいは、身近なところでは、日本のサブカルが世界で人気となり、マンガ文化が輸出されると、スポーツものによく登場する「先輩」なる言葉も、欧米では新鮮なものとして受けとめられ人気となる。「センパイ」にあたる概念がなかったのだ。かくして、「senpai」は英語となり、概念が生まれる。

また、欧米には肩こり、肩がこるという現象は存在しない、という説がある。「肩こり」

いう言葉がないのだ。言葉がないところには、現象も存在しようがない。

いささか、乱暴な例をいくつかあげてしまったが、こうした発想法で逆から世の中を捉えていく時、だんだん見えてくるものがある。言葉が生まれ、概念の方が社会を徐々に変えていってしまう可能性……。人間がある世界を認識するということは、ある秩序のなかで、さまざまな状況をひとつの視点から整理することを意味している。

ちょっと妄想を膨らませてみよう。この社会が水飴のようにどこでも切れないかたまりだとしたら。どこかで区分けし、整理をしなければ、先へは進めない。だから、人は便宜上の区分けをする。

そんなバカな、荒唐無稽な、と思う方もいるかもしれない。しかし、少し問題が複雑な様相を呈するたびに、僕はこの巨大な水飴論を思い浮かべてしまう。なぜなら、プロデューサー業は時に、さまざまな認識の区分けの人々が角を突き合わせる状況を、まさに「整理」する必要に迫られるから。

またじつは、番組という映像のかたまりの水飴も、どこからどう切ってつなげてもよく、ひとつの「整理」＝「区分け」を施さざるをえない代物だからである。

そう考え始めると、あらゆるものには「恣意性《しい》」というものがつきまとう。つまり、今はこういう形をしていることで「区分け」（言語学ではよく「分節化」というが）がなされているが、そうではない「区分け」による可能性もある、ということなのだ……。
　こうして見てくると、まさにプロデューサーとは、「恣意性」という、要はたまたまのものでしかないものに、必然性を与える、区分け人なのだった。

AIが問うのは人間の定義そのもの？

　話がいつの間にか、今の仕事の話へとつながってしまった。三〇年以上前の丸山圭三郎さんのソシュール論だった。そう、丸山さんも、この認識モデルに則って、単に言葉の生まれ方の問題などではなく、この世の中全体のあり方の問題として、すべては「思い込み」と言い切ったのだった。水飴をどこでどう切っても、それは、少なくとも本来的には個人の自由だ、と。そして、だからこそ、「思い込み」にとらわれることなく、想像力を解放せよ、と熱く語ったのだった。
　言葉と現象をめぐる天動説並みの大胆な認識論だが、かつて、現代思想というジャンルで括られた言語学者が口にしたのと同じ言葉を、時を経て人工知能研究の最前線の学者が今語る事実は、じつに面白い。

さらにちなみに、先の栗原教授ばかりでなく、『人間ってナンだ？・超ＡＩ入門』という番組で案内役となっていただいた松尾豊東京大学大学院特任准教授も、同じ言葉を口にしていた。

「今、目の前にコーヒーカップがあるというのも、思い込みに過ぎないんですよね」

打ち合わせの際に、確かにスタッフが淹《い》れたはずのコーヒーを目の前にして。

客観的な世界にコーヒーカップがあるのではない。僕らの心が、コーヒーカップの存在を知覚しているのだ、とは、なんともカントの「コペルニクス的転回」を髣髴《ほうふつ》とさせる。まさに、『純粋理性批判』をもってして、人間の理性の側の問題へと転回し、人間の認識のあり方を問うことの意義を提起することで哲学史に名を刻んだ、ドイツのイマヌエル・カントの視点とも、ここでつながるのだ。

こんな具合で、ＡＩ研究を取材していると、三〇年以上前に大学時代にかじったさまざまな哲学、現代思想の考え方のモデルを呼び起こされる経験がしばしばある。人工知能研究は、人間の思考のメカニズムをつぶさに模倣しようとする過程で、結局は、「そもそも人間とは？」という問いに重なり、それは人文系、哲学などという位置付けで、人間の本質を考えようとした現代思想と目的は一緒なのだから当たり前だ、という言い方もできるのかもしれないが。すべての学問は「人間とは何か？」という大問題に収斂していくといわれれば、それはそうなのだ。

しかし、世に常識として認知されている「区分け」に従えば、これは面白い逆転なのだ。一時期、実効性に乏しいと烙印を押されかかった人文系、思想などの学問分野の有用性が、ＡＩのおかげで証明されつつあるようにも見えるのだから。

こうして、とりあえずの認識上の区分けであった文理の壁を越え、今、さまざまな変化が生まれようとしている。そしてそれは、言葉という、じつに素晴らしくも厄介な存在によって、本当に面白い状況になっているといえるのかもしれない。もう今までの話でおわかりだろう。ひとまず人間は、言葉で世界を認識するという方法に踏み出してしまい、後戻りはできないからだ。そして、その言葉は、強固なブロックのようなものではなく、もっとゆらゆら、ぷよぷよとした、輪郭が朧気《おぼろげ》なものだからだ。

だから、こうして今、僕が書いている文章を読んでくださっているみなさんも、ゆらゆら、ぷよぷよ、もやもやを感じているかもしれない。概念を伝えるために、ある程度割り切って書いているつもりだが、それは、言語というものの恣意性にすべてかかっているのである。「わかりやすく」。日々、何度となく耳にし、口にもする言葉だが、今さらながら、本当に使い方が難しい。「分かる」の語源は「分ける」で、つまり分類することで整理され「わかった」につながるということだとはすでに述べたが、その分類の基準は、人それぞれ。それぞれ勝手に「分けている」可能性もあるわけだ。

裏を返せば、「わかりやすく」と人に求めることは、自分の分類の基準に入るようにしてくれ、という意味にもなりかねない。それは、可能性の半分を失う行為でもある。他者の発想の基準を発見し、学ぶ機会を失いかねないことでもあるのだから。

「わからない」状況は、もっと楽しまれてもよい。昨日まで自分を支えていた「わかり方」が壊され、少しずつ再構築されていく感覚は、快感でもあると思う。

一般論で言葉のせいにする気はないが、このゆらゆら、面倒くささと楽しく付き合っていく方が、じつは豊かで、表現の可能性を広げていけることとは、お約束したい。このゆらゆらこそが、その気になれば常にいつも、ありえたかもしれない世界の可能性への想像力を担保してくれているのだから。

ゆらゆらしていてもいい。言葉にならなくてもいい。

来る球をコースによって打ち分ける

次から次へ。何の脈絡もなく、次から次へ、さまざまなテーマの番組企画のブレスト、構成検討、そして試写などが続く。たとえば、今現在、二〇一七年の春、僕が抱える企画テーマの主だったものを並べていくと、時代のブームとなったＡＩ、資本主義、民主主義、ロボットアニメの系譜、そして猫と作家の物語……。こうして、項目だけならべていくと、何のことやら、さらにこうした企画に検討を加える会議が朝から晩まで、波状攻撃的に続く。

そして土曜の昼下がりも、ファミリーレストランの片隅で、楽しげな若者たちのにぎやかな会話をよそに、一人ディスプレイに向かう。キーボードを黙々と連打する。快晴の日に何が楽しくて、広がる青空ではなく、小さな四角いブルーライトを見つめていなければならないのか？　傍《はた》で見ている人には理解しがたいかもしれない。しかし、当の本人には、青空にも負けない、澄んだ広大な空間の可能性が見えているのだ。

言葉が言葉を呼び、連想の連続で話は膨らみ、また脱線する。ひとまず、何かを書きつけてみて、そこから次につながって湧き出してくる言葉から、また次のつながりを考える。そんな風に、自らが思いもよらない形で文章が生まれ、その思考の跡を読み返していくことで新たな発見が生まれる。そこには、キャッキャキャッと騒ぐようなものではないけれど、じんわりと感じる楽しさ、幸せがある。心の奥底に抱えているものに光をあてる作業、無意識の湖にサーチライトをあてているようなものかもしれない。

「幅が広いですね」「そんなにいろんなテーマを抱えていて疲れませんか？　大丈夫ですか？」。多くは社交辞令なのだろうが、こんな言葉を投げかけられることがある。じっさい、そのことによる「疲れ」は微塵《みじん》もない。むしろ、これこそが健全。番組制作、あるいはクリエイティブの長いマラソンを走っていく時に大事な構えだと思うのだ。ある種の雑食性だ。

別にイチローよろしく、柔軟にして万能の名打者を気取るわけではないけれど、外角内角、高めに低め、コースによって打ち分けていく方が、バランスよく身体全体を使うことになる。ひとつの得意技ばかりに執着してフォームを作りこみすぎることも、長い目で考えればリスクなのだ。

AI、資本主義、民主主義……人間の認識はどこまで信頼できる？

またこの雑食、じつはそれなりにつながっている部分もある。たとえば、ＡＩ研究の現在のひとつの重要なポイントは、ディープラーニングという方法論にある。文字通り、コンピューターに深く学習させることだが、その際に画像を認識する方法、つまり目の機能の技術的な進化が、現在のＡＩブームのひとつの原動力になっている。さまざまな動物のなかから猫だけを選び出せる確率が飛躍的に高まったことで一躍脚光を浴びた、あの技術だ。

どう認知、認識、判別をさせるのか？　人間はそもそも、どのようにさまざまな違いを認識するという行為を行なっているのか？　先の松尾豊准教授の話に刺激され、そんなことをぼんやりと心の底で考えながら、このテーマに取り組むことになる。

心の底は、さまざまな思考の痕跡、記憶の断片が転がっている場所だ。ＡＩで考えた認識をめぐる問題から、人間にとってのかけがえのないもの、独自な特性へと関心は広がり、移っていく。「認識」という行為の次には、「意志の決定」をするのが人間というわけだ。その意志の決定こそは、民主主義の基本である。

民主主義は、その社会を構成する人々それぞれの、さまざまな意志のなかから、ある種の合意点を見出そうとする制度だ。その際、現実的には多数決という方法を取る。そのことにももちろん、大きな疑問と課題があるわけだが、それ以前の、個人の「意志」というところで、「人は、そんなに明確に意志というものを持っているのだろうか？」という問いも浮かぶ。

意志なんていうものは、常に揺れ動く、あやふやなものではないのか。「主体的決断」というもののための思考の過程や、最後に「意志」というものに結実する人の心の動きは、どこまで把握できるものだろうか？　そもそも、人間は現実をどう認識しているのか？

そしてその時、民主主義を、自由に意志決定できる市場という場所の存在で経済的な側面から補完するのが、資本主義だ。

資本主義もまた、近代経済学という基礎で「合理的経済人」というものを想定したところから始まっている。すると、資本主義を分析する手法でも、揺らぎが生まれつつあるのか……？

そんな人間たちの揺れ方をよそに、猫は相変わらずの泰然自若、なんとも涼しい顔だ。こんな風に生きられれば苦労はない。いいな、猫は。

だが、その猫への勝手な感情移入もまた、人間の思い込みでしかないのか……？

こんな具合に、僕の思考は再びＡＩへと戻り、ぐるぐるまわり始める。いつもさまざまなテーマ、さまざまな断片を抱え、そのつど思考しているわけだが、心の底ではすべてがつながり、不思議なとぐろを巻いているように思えてならないのだ。

リゾーム（根茎）の思考

さまざまなジャンルの課題を同時に抱え、一気に構造を俯瞰し共通項を発見しつつ、同時に異質な要素を見出しながら思考する……。先に触れたリゾーム＝根茎のように、まるで地中で複雑な絡み合いをする根のように、脳内にはさまざまなネットワークが生まれていることだろう。

そして、それはじつは脳内ばかりでなく、全身の話であり、全存在として問題を捉え、直観を使いつつ楽しむ、という発想でもある。これも先に触れた、ブリコラージュによるセンスである。

リゾームと対置されるのはツリーだ。上から下へ、階層構造を持っている体系だ。確かに一般的に、ある知の構造を整理して示したり、組織のマネジメントのためにわかりやすく伝えるためには、ツリーの体系は便利だ。情報整理は、そのように行なわれるものだった。少なくとも近代科学の論理全盛の時代には。

もちろん、今でも一定の効用はある。しかし、硬直化した状況に刺激を与え、新たな可能性の地平を開いていくには、リゾーム的なセンス、発想、そして走りながら考える思考力が必要な時代に入っているように思う。

「ディレッタントになるな」とは、大学時代に何度か、教授、学友たちからもらった助言である。好事家《こうずか》などと訳されるが、要は、学問的な探究をおろそかにして独りよがりな趣味道楽に走るなという忠告。つい跳躍してさまざまな学問分野を横断してしまう僕の思考のクセへの愛あるアドバイスだった。

確かにその通り、いいとこ取りのつまみ食いではなく、専門を深く掘って極めてこそ、学問というわけだが……。いずれにせよ、アカデミシャンとして認められる方向には、当時の僕は関心をしぼりきれなかった。

そして時代は三〇年あまりが過ぎ、気付けば世の中「専門家」ばかりが増え、いよいよ細分化、そのジャンルの枠組みのなかでの学問的手続き、厳密性ばかりが問われる世の中になっていないだろうか？　じっさい一〇年前に『爆問学問』をスタートさせた時には、少しでも「象牙の塔」の風通しをよくしたいという想いもあったのだが、その頃よりもさらに、閉塞感は強まっているように感じる。

ちなみに、スペインの思想家オルテガ・イ・ガセットが著書『大衆の反逆』で、「専門化」のあげくに教養を失った科学者たちを大衆と呼び、知性の衰弱を嘆いたのは、すでに九〇年近く前のこと。一世紀かけて進んだポピュリズムが、いよいよ極東の島国を飲み込んだのだろうか？

物事の本質に迫っていくと、「越境」する瞬間がある。制度的に確立されたフィールドのなかで思考しているだけでは限界がある。もちろん、学問的な厳格さの重要性はいうまでもないが、単に自らの城に籠る免罪符として「専門性」の名が使われる状況が時に生まれているとしたら、残念なことだと思う。

じつは「学問の専門化」も「アカデミズムにおけるディレッタントの否定」も、〈近代〉の産物でもある。〈近代〉の枠組みが揺れる今、「ディレッタンティズムの復権」を静かに考えてみたい。

専門にこだわらなくていい

図々しく妄想を膨らませるならば、番組という装置こそ、むしろ、アカデミズムの閉鎖性を壊し、新たな発見、対話を生んでいく実験場でもあるといえる。

確かに、「わかりやすさ」「大衆性」を求めるテレビメディアと、「厳密性」「専門性」を求めるアカデミズムの世界では、向かうベクトルが一八〇度異なるように思われてきた。じっさい、どちらにも志向を持つ僕のような人間は、いつも引き裂かれつつ、居心地の悪い思いをしてきた。

しかし、今、時代が大きくうねり、さまざまな激しい変化を目の前にして、映像のダイナミズムで語ることの可能性、映像コンテンツと学問的な考究との間にひとつの補助線を走らせる可能性が見えてきたように思えるのだ。

僕自身、この一〇年ほど、さまざまな大学で講師として登壇し、学生たちとの交流のなかで、単なる放送文化でもなく、学術研究でもない、豊かな思考の運動、映像と言葉を共に考える楽しさに目覚めたことも、関係があるのかもしれない。

いずれにせよ、逆方向に向いているかに思えていたベクトルの底に通じていた、共通する創造のマグマが、噴き出したのだ。

そしてここに至って見出すのだ、問題となっているのは「近代」という時代であると。

映像表現は、一見、硬軟さまざまなジャンルへと及び、何の関連性もないように見えるが、「近代」社会が大きな曲がり角にある時代に、それぞれ、ある種の「屈折点」を表象する素材だといえる。

それはいかなる意味においてか？ そもそも映像が、メディアが、時代の、社会の問題を掬《すく》い上げ表現するということは、いかなる意味を持ち、その時そこにどのような精神の運動があるのか？

と、このように書くと、また難解だと尻込みする人もいるかもしれない。しかし、映像表現は、自由で、開かれ、精神を解放するものでもあるはずだ。言葉だけでは伝わらないことをこそ、理屈だけで塗り固められ硬直化してしまいそうなことをこそ、柔軟な精神で解きほぐし、多くの人々と共有することで、新たな発見をしていくためのものでもある。

映像で考えるということ、言葉で考えるということ。具体的、抽象的、いろんなレベルで考えるということ……。さまざまな領域で考えることは、じつはどこかですべてつながっていく。まずは打席に立って、バットを振らなければ始まらない。健全に全体を見ていくためには、さまざまなボールに手を出していくことが大事なのだ。

専門にこだわらなくていい。

番組は「未完成」でいい

『欲望の資本主義』というシリーズの真骨頂は、ものごとの原点に立ち返った、文明論的な問いかけにある。「利子とは？」「資本主義とは？」そもそも「欲望とは？」。こんな根本的な疑問を、世界のさまざまな国々の経済のフロントランナーたち、投資家、学者、起業家などに投げかけて、その答えをつなぎ合わせ、現代の僕らのいる世界、資本主義の世界の今を浮かび上がらせようという番組だ。

そんな青臭い質問を繰り返すことで、番組になるのか？　おそらくは、途方に暮れるディレクターもいることだろう。意地悪な見方をすれば、高尚な連想ゲーム、ただの言葉遊び。そんな答えを聞いたところで何になる？　そう思って、動くことすらやめてしまう人もいるかもしれない……。

わずかな不安を抱えながら、渋谷の雑踏を抜けて、今日もいくつかの編集スタジオへ。三畳間ほどしかない空間で、ディレクターとＡＤが、モニターに向かい格闘している。壁には、一面に、さまざまなカット、シーンが、紙片にマジックで書きつけられ貼られている。多くの部屋は窓もない。ただ、モニターと、映像と音のつながりを生むためのパソコンと、それだけ。

ここから何を生み出せるのか？　もうロケは終わった。新たに撮影ができる時間的な余裕もない。孤独な戦いを噛みしめ、モニターへと集中するディレクターに、プロデューサーからかけることができる言葉をあれこれ探しながら、今日の仕事が始まる。さて、どんな具合につながったことだろう？

幸運なことに、この番組のスタッフたちには、身もふたもない反応をされることはなかった。そこにあるかもしれない何か、言葉にしっかり耳を傾け、その背後にあるさまざまな想いまで読み込むという地道な作業に賭けてくれるディレクターに託すことができたことで、なんとかスタートが切れた。

ディレクターが動いてくれなければ、仕事にならない。プロデューサーは、ある意味、無から有を生むためであれば、なりふり構わず何だってお願いする。しかもことさら、この『欲望の資本主義』での起点となる問いかけは、僕の心の底にずっと泥のようにわだかまっていたものだったからだ。

「近代」経済学の原点とは？

一九八〇年代の経済学部での「経済原論」。近代経済学の基礎は、マルクス経済学と並ぶ、誰しもに課された必修科目だった。需要曲線と供給曲線が交わり、価格が決まる。中学の教科書にもすでに記載されているはずの、市場の原理。それは人々が「合理的」な判断をするということが前提となり、組み立てられた理論だ。

売り手と買い手、どちらかに情報が偏ってはいないことを前提に……、などなど、さまざまな外部要因を一度カッコに括って、科学として成立した世界。それらを一度は正統的に学びながらも、そこからこぼれ落ちる違和感は、僕のなかに確実に大きな宿題として残っていた。

たとえば、「摩擦係数はゼロとする」という但し書きは、高校時代の物理の問題でも定番だった。なるほど確かに理論として、その動きの本質をつかむために、そうした抽象的な世界で考えることを課すことの意義はわかる。本質をつかむためには、思考する時に、さまざまな「外部要因」を一度脇に置いて、話を単純化することは大事な手続きだ。

しかし、経済学で対象にしているのは、物理という〈物体〉の運動の理論ではない。生きた、複雑な感情を抱えた人間なのだ。「合理的」に自らの「欲望」を自覚できる人間という想定はありうるのか……？　話をシンプルにするために「仮に」脇に置いたことを忘れて、その枠組みのなかだけでドンドン理論が組み立てられていく。そんな光景に疑問を抱えながら、「近代経済学」の理論と向き合った日々。

その後、さまざまな世界を経験するほどに、じつはこうした「目的と手段の逆転」は、あらゆる領域で往々にしてあることだということも肌身で感じていくわけだが、それはまた別の話。大学時代に感じた違和感は、僕の心の奥底にずっとくすぶり続けた。

だが、そんなことなど露ほども知らないディレクターにとっては、迷惑な話のはずだ。プロデューサーの想いなど、時にディレクターにとっては鬱陶《うっとう》しいだけだ。

だが──。泥のように眠る想い、そしてそこに光を当てることで、何かになるかもしれないという賭け。そうした一連の心の動きがあって、ようやく番組は動き出す。プロデューサーは、時に賭けに出る、もちろん、単なる想いや願いなどではなく、ある程度の確信に変わるまでの読みがあっての話であり、また当然それが、社会の、世間のなかに、ある種の「時代の無意識」として眠っているはずと確信できた時の話ではあるのだが。

そして、その映像化のためには、ディレクターという名の現場監督のセンスを信頼し、このわけのわからない企画への共犯者として巻き込まねば、実現はしない。映像としてつながってこそ、番組だ。

プロデューサーとディレクター、見ている世界は違う

ディレクターとプロデューサーの役割の違いは？　とは、よく聞かれる質問だ。そんなとき僕は、そうですね、レストランを想像してみてください、と返す。

たとえば、小さな街場のフレンチレストラン。ディレクターは料理人。素材を客の口に合う料理、立派な商品にするシェフだ。

一方、プロデューサーは支配人。レストラン全体に目配りし、客がちゃんと満足する料理を出し、すべてにおいて納得感のある空間の運営に責任を持つ。そんな役割分担だ。

その時、調理する素材の仕入れ、その素材を生かすメニュー作りという、両者をつなぐ「中間領域」で、じつにさまざまな「攻防戦」が展開されることもある。

そもそも、プロデューサーとディレクターの関係自体も、その個性によって本当にさまざま、そのやり取り自体がドラマだともいえる。

ディレクターは、とにかく自分がやりたいように、プロデューサーを煙に巻く。

「監督の仕事は、プロデューサーをいかにだまして好きなことをやるかなんですよ」

四作目の『ソナチネ』に取り組んでいた時の北野武監督の言葉を思い出す。初任地から東京へとやってきた僕の初仕事は、彼の撮影現場のメーキングロケだったのだが、カメラのファインダーを無邪気な子どものように覗き込み、ＯＫを出す姿が目に焼き付いている。あんなにキラキラした、純粋な目をした大人は初めて見た気がした。

プロデューサーは、ディレクターの良さを最大限引き出し、同時に番組の最終責任者として、客観的な評価にも耐えねばならない。ディレクターがやる気で、自由に、素晴らしい表現をしてくれる分にはよいけれど、調子に乗って暴走、あまりに趣味の世界に走ろうとした時には手綱を引き締め、時に抑制へと回らねばならない。NHKの番組にとって、クライアントはすべての視聴者。視聴者に向き合い、表現を届け、勝負する。それはそれで、独りよがりにならないための厳しい勝負だと思う。

さて、この『欲望の資本主義』も試行錯誤の企画だった。先述の通り、なにせプロデューサーは、大学時代に抱いたもやもやとした問題意識をそのまま識者にぶつけ、視聴者にぶつけ、そしてその過程をそのまま番組にしてしまおうという大変無謀な男なのである。三〇年越しの想いが込められた球が投げられるのだ。受けとめる方こそ、いい迷惑かもしれない。

これが先にあげたたとえのようにフレンチレストランならば、とんでもなくクセの強い食材を持ち込まれ、これをメインディッシュにしろと強要されたシェフがディレクターというところか。時に、逃げ出したくなるのも無理はない。

しかしこの創作料理の挑戦、難しければ難しいほどに、面白みもそこに生まれる、否、さらに踏み込み、誤解を恐れずいえば、こうした愚直な難しさに挑むことこそが、醍醐味なのだ。その挑戦の面白さを共有できることが、番組作りの肝なのだと思う。

まずは、コンセプトの共有を。企画がスタートして間もない頃、深夜、「あくまでたとえば」という発想の可能性として、僕はディレクターにメールをした。ひとまず、番組上でいくつかのポイントとなるであろうエピソードについて、思いついた話の運びを書き留めた。タイトルは、「暴論メモ」。たとえば、こんな風に、項目を並べてみる。

◇貨幣という禁断の木の実を手にしたアダムとイブは、もはややりたい放題だ。楽園の秩序は、見事に破壊され、その代わりに我が身をそれぞれ勝手に守るという代償を払うことになる。二人を突き動かす衝動はとどまることを知らない。なにせ、この木の実、何にだって形をかえられるのだから。ドラえもんよりすごいワザ……。貨幣の誕生。

◇何にだって形を変える、その魔術を複雑に発展させた、ひとつのきっかけが、イタリア、フィレンツェでの発明だ。「時間」で価値を上乗せできる。確かに、今日の価値と、あしたの価値は違うのだ。この二四時間の間に、ただ眠っているだけではなく、時間に稼がせることができる。その魔術は？　利子の誕生。

◇場所でモノの価値は決まる。モノが有り余ったところで仕入れて、希少なところへ持っていけば、その価値は、何倍にも跳ね上がる。空間を移動させるだけで価値は上がる。簡単なことだ。そしてその時、国という枠組みがその巧妙な仕組みに便乗しようとする？　重商主義とは？

◇蒸気機関、動力の実現、産業革命は爆発的な生産を人々に可能にさせ、根本的に人々の考え方を変える。技術の進歩によって、大量生産、大量消費の時代となり、「希少性」からの転換、豊かな社会が見え始める。その時、「勤勉」という概念はどう揺れ動いたのか？　労働者を納得させる論理は生まれたのか？　それは詐術か？　それとも？

◇稀代のギャンブラー、ケインズは、人間の心理の妙を見抜いた。すなわち、それは、「勝ち馬に乗りたい」。大衆社会のなか、開かれたマーケットは心理の読み合いを招き、「織り込み済み」などという言葉が市場の常識になっていく。欲望は「模倣」され、「ねつ造」される。「誰もが、他人とは異なり勝ちたい」と思う。「自分は大衆とは違う」と思いたい……。その欲望自体がじつは大衆の証なのだ……。

◇「流動性選好」……ここに至って、「利子」以来の「時間」との戦いが……。アインシュタインではないが、やはり、資本主義も究極は時間との戦い、相対性理論のような展開が、経済学にも起きている？　有限な生の人間と、一見、無限の生を持つ貨幣の折り合いが良いわけはない。資本主義を終わらせたい。ついに人類の原初的な欲望が動き出した？　どう複雑化しても、現代社会はこの欲望で動いているのか？

ひとまず、妄想が膨らむままに、「ルールが変わる時」の「欲望」の背後にあった変化を、寓話化してみた。現在の経済のなかで常識化している「利子」とは、なにゆえに生まれ、許されたのか？　時代によって「欲望」の形は微妙に変わりながらも、この資本主義というお金を中心とする社会の歴史は、どのように動き、今に到っているのか？　時々の印象的なポイントを拾いあげ、〝なぞかけ〟してみる。

人は、未知の分野の出来事を、既知の分野の物語によって、ひとまず理解する。「アダムとイブ」はまさに象徴的な例だが、神話なり、童話なりを思わせるような語り口こそ、大事になる。物語は相互理解のツールでもあり、イメージの共有のための手っ取り早い技法なのだ。

ところで、今回、演出を託した大西隼ディレクターは、理系の出身。彼が尊敬しているのがアインシュタインであることも、彼が以前書いたエッセイを読ませてもらった時から承知していた。今回の企画、大上段に振りかざせば、経済学における「相対性理論」となるような考え方のヒントを見つけていこうというもの。激動の転換期に、パラダイム転換の予兆を捉え、思考するということの意義を、しっかり共有しておきたかった。

逆に言えば、こうした根本の姿勢、考え方さえ共有しておけば、映像の仕上げ方については、まずはディレクターが主導権を持って走ってもらえばよい。というより、現場にいるディレクターが、映像表現の細部については、主体的に楽しみ創意工夫しなければ、よい番組になりようもない。シェフの味付け、腕の見せ所だ。

さて、ロケを終えての試写と呼ばれるセレモニー。ディレクターは、自らの想いを込めて映像化した素材を吟味し、カットとカットのつながりで物語を生み出そうとする。その結果を、プロデューサーらとともに検討する。大事な儀式の始まりだ。

プロデューサーはプロデューサーで、企画者として信頼して託したテーマが消化され、形となっていることを望む。否、なっていないと困る。ディレクターもまた、プロであればあるほどもちろん、自らの映像のつなぎや物語の運びで視聴者の興味を喚起しつつ、テーマをきちんと消化しているという自信がある。プロデューサーの助言に納得すれば、修正を加えるにやぶさかではないが、そうでない場合は押し返したいし、むしろ逆に説得したいところなのだ。そこには、丁々発止、全体を見る者＝プロデューサーと、細部にこだわる者＝ディレクターとの葛藤が必ずあるものだ。

ただ、面白いことに、そのあたりの両者のぶつかり合いも、その時々の状況、個性などにより、さまざまなめぐり合わせも相まって、いろいろな様相を呈する。細かなところまで気になって仕方がない、カットの細部にむしろ気がいってしまう「ディレクター的なプロデューサー」もいれば、全体のバランスを配慮し、大きな物語の展開を重視したいと考える「プロデューサー的ディレクター」もいる。

個人的な話をすれば、番組制作に携わっておよそ三〇年、およそ半々の年数、ディレクターとプロデューサーを経験したのだが、どちらかといえば僕は、もともとプロデューサータイプだったかもしれない。ディレクターであった当時から、自らも好んで新しい企画、開発をするような仕事が好きで、性に合っていたこともあり、いつもどちらかというと、編集というコツコツと仕上げる最終作業より、大きな新たな枠組み、仕掛けを考えるのが好きで、そうした発想をうまく仕事へと向かうエネルギーとして取り込もうとしていたように思う。

人間の資質、タイプの問題……、その組み合わせ方も、どういうあり方がよいという正解はない。そしてさらに、この番組構成の最終形、編集という作業にも、まったく正解というものを見つけようがないのだ。

では、なぜ、議論しているのだろう？　両者それぞれに表現の狙いはあり、意図もある。自らの表現への勝算もある……。しかし、その対話から、視点を交換し合い、よりよい「第三の作品」を生み出そうという気持ちがあるからだと思う。

番組は永遠の未完成品だ

そして、その時、ひとつだけ確かに言える不思議なこと。この丁々発止のやりとりは、無私であること。自分の妙なこだわりなどが邪魔になるのだ。だから、自分の想いをただ表現したいというような、つまらない「自意識」が創造の源になっているような番組は、視聴者の皆さんの記憶にも残っていかない。

よく優れた作家たちは、「自分が書いたのではなく、書かされた」、あるいは俳優たちも、素晴らしい演技の時ほど、「天から降ってきた何者かが演じさせてくれた」などと言う。僭越ながらその感覚はわかる。表現というものは、さかしらな自意識を越えていこうとする時の、開かれた対話から生まれる。それは自分自身の無意識にも開かれている対話でもあるし、他者に対しても開かれた対話なのだ。

さて今回の『欲望の資本主義』も、最後の直しの段階にまでもいくつかのカットの入れ替えが持ち越しとなった。時が逆回転するイメージ、「禅資本主義」という言葉から鹿威《ししおど》しが登場する映像など……。結果は、大西ディレクターの主張のままの映像もあり、僕の要望を聞き入れてもらったものもある。そんなあれこれを繰り返しながら、ノーサイド。まさに試合は、物理的にリミットの時間がきた時に、ひとまずの決着となる。そうした意味で、番組は永遠の未完成品だ。

今日も、あちこちの編集室から、さまざまな攻防戦が聞こえてくる。しかし、その健全なやりあいこそが、番組なのだ。どこにも正解も、完成物も存在しない。

こんな攻防戦を繰り広げたあげくに届けられた、不思議なジグソーパズル、そこに意味を見出し、喜んだり驚いたり笑ったり、また、悲しんだり泣いたりしてくれるのは、見てくださる方々だ。作り手から解き放たれ、視聴者を得て、初めてパズルは完成する。見る人によって新たな意味を生み続ける。その意味でも、番組は永遠に未完成なのだ。

時代の「復元ポイント」を探せ

コンピューターの調子が悪くなった時、性能を復活させるためのひとつの有効な方法に「復元」がある。何か新しいソフトなどをインストールしてしまったがゆえにおかしくなっているのだとしたら、それ以前の状態に戻し、ある時点までパソコンの状態を「復元」する。その時点を「復元ポイント」という。この「復元ポイント」という考え方で、時の流れを味わうと、どういうことになるのだろう?

ここ一年、国際情勢は風雲急を告げ、世界は大きく揺れ動いているように見える。イギリスのEU離脱、アメリカでのトランプ大統領の誕生、フランスをはじめとしたヨーロッパの国々での急進的な右傾化……。

そんな時だからこそ、目の前のひとつの事象ばかりに振り回されていたら、その底にある本質的な変化が見えなくなる。そこで、ぼんやりと、僕がさまざまな可能性に思いをめぐらしてみたのは、「対立の構図」破綻の「起源」である。

保守と革新という二元論の終焉は、今や多くの人々が口にする。ではさて、その構図の「起源」は? それこそが、歴史の「復元ポイント」だ。

たとえば、いくつかの選択肢を提示してみよう。

A：ゼロ年代後半「リーマンショック」
B：ゼロ年代前半「聖域なき構造改革」
C：九〇年代「グローバルスタンダードの嵐」
D：八〇年代「バブル全盛」

地下水脈をどこに見るかで、物語の様相がガラッと変わるから面白い。

ひとまず、常識を求めるクイズなら、AかBが正解だろう。Cも理屈はつく。

だが僕には、Dも捨てがたい。じつはバブルの時代が、「庶民」を「大衆」に変え、今につながる、人々の「眠れる力」を呼び起こしてしまっていたなら……？

じっさい、当時のサブカルチャーには、どこか今のそれに重なるものがある。「なめ猫」もブームだった。そこにあるのは、経済が上り坂か、下り坂かの違い。川崎徹さんが「いかにも一般大衆が喜びそうなアイデアですね」とCM演出をしていた頃。吉本隆明さんが「インテリは比叡山を降りろ」と言ったのもその頃だ。

ちょっと面白い「起源」の考察。ちなみに、その頃『朝日ジャーナル』編集長となった筑紫哲也さんが「若者たちの神々」と題して、さまざまな「サブカルチャー」の旗手との対談を企画したことも、「対立の構図」破綻の兆しをそこに見ていた証とも言えないか。

すべてがサブカルチャー化する時代に、前後三〇年をふと夢想する。

じつは、このD、つまり「八〇年代バブル全盛期」を「復元ポイント」とした仮説の検証の過程が、『80年代の逆襲』という特番であり、またその後の『ニッポン戦後サブカルチャー史』という番組だった。

この企画、もともとは、宮沢章夫さんの早稲田大学の「サブカルチャー論」の講義が面白い、番組化できるのでは？　と、さる方から持ち込まれた企画だったのだが、もちろん宮沢さんの講義が軸になると思いつつも、僕のなかにあった企みは、この「復元」ポイントを、あえていくつかの仮説として考えることで、時代を見る遠近法が変わることを楽しんでもらうという裏テーマの仕掛けだった。

今や、ジャンル化された「サブカル」と、「サブカルチャー」は違う。その制作の過程で、僕は、「いかにしてニッポンは『サブカル』という花を咲かせたか?-」だけではなく、「『サブカルチャー』というあり方はどこに居場所を見つけていたのか?-」と、その起源をずっと考え続けていた。

さて、「ポスト真実」の時代といわれる今、いったい、どこに切断と連続を見るか？　保革二元論の終焉の起源は？「復元ポイント」探しから、歴史の遠近法は更新される。

教育の意味——答えは三〇年後？

時に大学の教壇に立つ。現代社会の問題にメディアの人間としてアプローチしていく過程で生まれる考察、そこからこぼれ落ちるフラグメント、さらにそれをまとめて考えてみることで生まれるものの見方、考え方……。講義の内容は多岐にわたるが、当然のことながら、常に走りながら考える現場にいるため、このところは、世界の枠組みが大きく揺れ、文明論的な転換点を迎えていることをふまえて、「資本主義」「民主主義」などの自明とされている概念をあらためて俎上《そじよう》にのせて問いかけることが多い。

講義を任された人間としてできることは、学生たちに、自分の頭で考え始めるきっかけ、発火点を生み出すこと、そこに尽きるといつも考えている。知的好奇心に火がついたら、そう心配せずとも、もう止まらない。自分で調べ、あれこれ試行錯誤し、仮説を立てるようになる。検証のために、さまざまな論理を援用してみようとしはじめる。

先に他の項で、近代経済学が、時代の文脈と寄り添うように、社会「科学」として発展を遂げていくために、物理学、数学などのモデルを借りて論理構築を行なっていったことについて触れたが、そんな具合に、他分野に同一構造の比喩などを見つけることで理解を深め、自らの組み立て方で社会を見る眼を養っていくのだ。意外性ある素材を提供、その組み立て方、複眼思考が、学生たちのマインドを刺激すれば成功だ。

「自分の頭で考える」「自分の眼で見て社会の構造を読む」人材を育てていくことが目的なのだから、自分の説を押し付けすぎてもいけないし、また安易に「問い」に対する「回答」を求めてはいけない、と僕は思っている。少なくとも、五年、一〇年、三〇年……飛び続けるためのエンジンを開発しているようなものだ。すぐ「わかる」話などではない、まさに「教育」「学問」の意義が、市場原理では測れない所以《ゆえん》だ。

じっさい思い起こせば、学生時代、さまざまな講義のなかでも、不思議な一場面ばかりが強い印象で記憶のなかに残っている。

たとえば僕は経済学部の学生で、母校の慶應のみならず東大の講義も拝聴したのは先に触れた通りだが、富をめぐる支配の構造が中世から近代へと移っても変わらないことを説く経済史、資本主義の後に社会主義がやってくる必然性を説く社会主義経済論、さらに、前述したように、近代経済学の終焉を説く経済原論……といった具合で、一見、疑問符がつくような説を、ひとつの「思考実験」として、あるいは「学問的な見方」として提示された瞬間に、奇妙な知的興奮を覚えたことが、深く記憶に刻み込まれている。

そしてそれは、その場で納得するようなものでもなければ、ましてや「役に立つ」と即断し、学習するような種類のことではない。むしろ、ドキッとする、耳を疑う体験だったようにも思う。

それはある種ラディカルな体験だ。急進的でもあり根源的でもある、二重の意味でラディカルな問いかけは、今もなお僕のなかに残る。それらをずっと消化しきれないままに脳裏に置いていたからこそ、今も考え続ける力となっているのだと思う。

そして今、僕から学生たちにしてあげられるのは、長いスパンで効能を持ち続ける可能性を孕んだ「問い」「問題提起」なのだ。

皮膚感覚と知の連続性とは

「それは、貴族趣味的な文化なのではありませんか?」

この言葉を耳にした時のもどかしさを、どう説明すればよいのだろう。言葉の主の背後には、三月だというのに、きれいに雪が舞っていた。

「民主主義」をめぐる番組取材で、北大の研究室を訪ねた時のこと。『ニッポンのジレンマ』でもお世話になっていた、政治学を専門とする吉田徹教授から発せられた一言をきっかけに、僕の頭のなかは、少々屈折した、複雑な想いでいっぱいになった。

それは、フランスを中心とした現代思想が話題となった時のこと。フーコー、デリダなど、八〇年代に流行した一連の思想が、今三〇年経って「ポストモダン」とも見なせる現実を前にして、ようやく実効性をもって機能し始めたように思えるのは、面白いめぐり合わせ、皮肉な現象ではないか？　と口にした時のことだった。

いつもバランス感覚ある語り口で、穏やかに政治の本質を語る吉田さんだが、僕の舌足らずで誤解を与えてしまったのか、この時の語調は、一瞬厳しく感じられた。常に政治的な現象の背後にある人々の意識、複雑な感情の綾を掬い取る吉田さんにも伝えるのが難しいのか……、僕はその後の言葉を選ぶのに躊躇した。

吉田さんが、八〇年代にこの国を覆っていた空気、文化の一部を「貴族趣味」と括るのもひとまずは理解できる。だが……。若い読者の方々には何のことやらというところかもしれないので、少し補足をしよう。

今では想像できないことかもしれないが、この日本で、「知的」であることがファッションと思われた時代があった。八〇年代バブルの絶頂期、その豊かさを背景に、難解なものがカッコいいとされた時代。当時流行し、今はなきカフェバーで哲学書を開き、海外の思想家の概念をひけらかす、そんな姿がオシャレとされた時代があったのだ。

その時代、そのひとつの象徴的な存在が、当時「現代思想」と括られたジャンルであり、その多くはやはり、あの文化と芸術の国フランスからもたらされるというわけで、先に挙げた哲学者ジャック・デリダの存在、また彼の思想のひとつの核を成した概念「脱構築」などが流行したのだ。

これらの意味については次章で詳しく語る。とはいえもちろん、それはある種戯画化された社会風俗のなかの一風景。当然のことながら、本当にその概念をわかりたいという人々がどれだけいたか、わからない。単に「知的」なものをファッション化する「ブーム」だったことも間違いない。

だが僕のような学生にとっては、そんな奴らと一緒にされてしまうことが迷惑だった。当時、八〇年代ど真ん中に大学生活を迎えることになった僕は、上京後、社会への特別なコネクションも持たないひとりのさして裕福でもない学生として、書物、思想というものを、生きていくうえでの基礎体力、どんな社会になっても生きていけるだけの何かをそこに読み取るべき対象と位置づけた。貴族趣味とは対極だ。実際、表層ではブームに乗ってみせながら、真摯な思索に軸足を置こうとする同志も少なからずいたように思う。

そして三〇年余り。当時ファッションとしてしか受け入れられなかった「欧米からの概念」が、時代のねじれのなか、今、実践での有効なツールとなり、「インテリの趣味」という記号からも解放されたように感じられたのだ。皮肉なことに、誰もスポンサーになってくれるようなファッショナブルな「商品」ではなくなり、誰もカッコいいなどと言わなくなったからこそ。

ホッブズが恐れたもの――言葉はねじれていく

その日の本題は「民主主義」だった。『欲望の民主主義』なる番組で、大統領選直前で揺れるフランスへと、吉田さんに飛んでいただくための打ち合わせでのこと。子どもの頃、社会の時間に民主主義を教わる時に、最初に目にする思想家の名前、ホッブズ。その人の「万人の万人に対する闘争」という言葉は、子ども心にもちょっとした衝撃を与えるものだった。すべての人がすべての人に向かって闘いを挑む……。大人の社会は恐ろしい。生きていくことは大変なことだと、考えるきっかけとなる子もいたのかもしれない。

この「闘争」を避けるべく、「社会契約」という概念が生まれ、その契約を国家と結ぶことで、人々は少しの安心を手に入れるというのが、ホッブズの描いたシナリオだ。

こうした、恐ろしい図式で社会を捉えたホッブズという思想家は、じつはこんな言葉も残している。

「真理」とは私たちが断定を行なうさいに名称を正しく並べることである。故にこのことを知るならば、正確な「真理」を探求する者は自分の用いるすべての名称が何を表わすかを記憶し、それに従って正しく配置しなければならない。もしさもないと鳥もちにかかった鳥同様、ことばのわなに巻きこまれてしまい、もがけばもがくほどことばにとらえられる。（中略）

したがって言語（スピーチ）の最初の効用は、名称の正しい定義にある。それこそが学問（サイエンス）の獲得である。名称についての誤った定義と無定義とに、ことばの最初の誤用があり、そこからすべての虚偽、あるいは無意味な教説が生じる。

（『リヴァイアサンⅠ』ホッブズ著、永井道雄、上田邦義訳、中公クラシックス）

一七世紀動乱のイギリスを逃れ、フランスへ亡命、かの地でしたためられたという『リヴァイアサン』では、こんな宣言に象徴されるように、冒頭延々と、さまざまな言葉の厳密な定義に膨大なページが費やされている。「希望」「絶望」「恐怖」「勇気」「怒り」「信頼」「不信」「憤慨」「仁慈」「おひとよし」「貪欲」「野心」「小心」「雅量」「剛勇」「気前のよさ」「哀れ」「親切」「欲情」「愉悦」「愛の情念」「嫉妬」「復讐心」……とまあ、これで一部だが、こんな調子で、人間のさまざまな感情についての厳密な定義が並べられているのである。

政治哲学者である前に自然科学者でもあったホッブズの緻密さを表わしているともいえるが、同時に、ホッブズが直面していた現実も想像させられる。国王と議会が平行線をたどり、緊張関係を生んでいた当時、そもそも言葉の意味するところが正確に受けとめられることなく反対意見が唱えられ、その賛同者も定義を共有しないままに議論は進む。すれ違い、時に誤解で同意、時に誤解で反対、さまざまな悲喜劇を繰り広げ、会議は踊る……。

言葉は、本当に厄介だ。そんなことで「万人の万人に対する闘争」が始まったら、たまったものではない。どんな言葉を、どんな論理で積み重ねていっても、その根幹の言葉の定義が共有されていなければ、すべては砂上の楼閣で、誤解による殺し合いが始まってしまう。

だが、この状況、現代の僕らも笑えないのではないだろうか？　さまざまなコミュニケーションのなか、ゆらゆらと揺れる空中戦、言葉の意味するところがすれ違い、共有できないままのやり取りは、僕らのまわりに満ちている。その最初の段階で立ち止まること。言葉を発するその最初の刹那から、対話者との間に、言葉についての共通の定義ができているのか？　そこで、しっかりと確認する手間を惜しまないこと……。

たとえば、民主主義という言葉ひとつとっても、意味するところを丁寧に掘っていけば、そこに正解があること自体、疑わしくなるだろう。「民衆が主権者として参加する制度」というぐらいまではよいけれど、そもそも「主権」とは何か？　そこからはすでに空中戦、「民主主義を守るため」と言う人それぞれの頭のなかにある定義は、厳密には異なることがしばしばだ。

ましてや、さまざまな時代、国、地域、場所で、異なる歴史のなかに育まれてきた、民主主義。その現実的な経験値のなかから、そこでは何が暗黙の価値観として共通了解となっているのか、人間の欲動の集合体の形を読み解いていくことにもなるのかもしれない。

時代の文脈、社会の底にある無意識と言ったら言い過ぎだろうか？

そしてその状況に対して、時に逆説的な処方箋が生まれる。

エドマンド・バークのジレンマ――変えたいから、変えなくていい？

（略）人間社会に関する事柄については、肯定するのであれ否定するのであれ、まずはじっくり見定める必要がある。

社会は抽象概念によって構成されているわけではない。抽象概念なら、他のあらゆるものから切り離された形で、むきだしのまま存在しうるだろう。しかるに現実の社会では、いかなる政治理念も、具体的な状況と無縁ではない。

この具体的状況というやつ、ある種の連中には何の関心も引き起こさないようだが、じつはこれによって、同じ理念が異なる特徴を持ったり、違った結果をもたらしたりする。社会的な事業や政策が、利益をもたらすか害悪となるかは、具体的な状況との兼ね合いで決まるのだ。

（『【新訳】フランス革命の省察』エドマンド・バーク著、佐藤健志編訳、ＰＨＰ研究所）

たとえば、フランス革命の際、改革派を明確に否定したエドマンド・バーク。彼は「保守主義」という思想の始祖のようにいわれる。しかし、面白いのは、じつは彼は、当時むしろ急進派の担い手だったのだ。誰もが、バークが改革派を支持することを疑わない状況で、彼が出した答えは、全面的ともいうべき革命への反対、慎重論だったのだ。先に挙げた言葉にあるように、個々の具体的な状況を見極めなければ、判断はできないと綴っている。

そして、人間という存在の本質を考察したこんな一文もある。

われわれの本性のおおきな誤謬は、（中略）つぎからつぎへとあくことのない追求によって、われわれが手にいれたすべてのものをうしなうということである。

（「自然社会の擁護」『フランス革命についての省察ほかI』バーク著、水田洋、水田珠枝訳、中公クラシックス）

さまざまな経験をした大人であれば、少し落ち着いて過去の記憶をたどり、考えを深めれば、理念が独り歩きしたがゆえに望まない結果を生んだケーススタディーを思い起こすことだろう。多くの善意が集まるまではよいとして、そこからそれが狂信的になっていく時の恐ろしさ。しばしば、そこには皮肉な逆説が生まれるのだ。変化を求めるからこそ、変化を叫ぶ声には慎重でなければならない、と。

言葉に刻み込まれた記憶、人生

さて民主主義をめぐって、さまざまな方向へと話題は広がった北大での打ち合わせだったが、その本題を深めながらも、いつしかその過程を通じ、言葉のニュアンス、そして時代状況のなかで付与される意味など、社会と個人の間をつなぐ言葉、経験というものへの考察も、僕の心の底では、始まっていた。

人は、ある時代、社会、地域のなかで育まれ、言葉を得ていく。それはその後のさまざまな場で、覚えたその言葉を他者が使うのを耳にし、また読書でさまざまな文脈で語られるのを目にして、その定義は磨きあげられ、我がものとなっていくわけだが、そこには、それぞれの個人が経験する、絶対的な肌触り、手触りが時に残っていくのだろう。

それは、辞書からズレている、というのとも少し異なる、ある種かけがえのない生きた証として、結晶のように凝縮するものなのかもしれない。

はたと気づいたのは、じつは吉田さんは、小学校時代の多くをフランスで過ごしていた。つまりは、その背景に、ある文化的な理解の様式があり、形作られたメンタリティーがある。八〇年代、日本の地方からまぶしい東京へとやってきて学生時代を過ごすことになった僕と、ほぼその頃、幼年期から思春期をパリで過ごした吉田さん。そこには当然ながら、見方も、身体に刻まれた記憶にも、まったく異なるものがあるはずだ。その個人的な感覚の相違は埋めようがなく、それぞれが感じる違和こそが健全なものなのだろう。

皮膚感覚で感じることと、それを普遍的な概念へと消化していくこと、その連続性の過程は本当に難しい。誠実に考えるほどに、個の実感と、社会の通念との間にどう橋を架けることができるのか？

吉田さんには吉田さんのリアルがあり、僕には僕のリアルがある。それが異なり、すれ違い、ぶつかり合う時こそ、対話の妙味というものがあるのだろう。研究室を後にする頃には、雪もやみ、雲間から光が射していた。

その日は課題が盛りだくさんで、それ以上深めることはできなかったのだが、また今度お会いした時に、ぜひそこから再開してみたい。

「貴族的な趣味というのは、どういう意味ですか？　吉田さんにとっての八〇年代とは？」

対話は終わらない。

普遍を目指す言葉の逆説――わからなくていい

言葉は理解を助けるが、同時に誤解をも引き起こす。言葉は普遍化を目指すように見えるが、時に逆回転しはじめ、特殊な肌触り、手触りを、個々の人々の経験のなかに堆積させる。厄介で面白い言葉の性質は、本書でも折に触れて話題にしてきた。

こうした逆説は、あえて、そのめまいのなかで、引き受け考え続けることが肝要となる。持続的であるために、楽しみながら。

グローバル化の時代のなかで、英語帝国主義が世界を覆うことを嘆く作家の評論のなかに、ひとつ明確なテーゼを発見した。

ところが、もう一つの〈真理〉は、別の言葉に置き換えることができない。それは、〈真理〉がその〈真理〉を記す言葉そのものに依存しているからである。その〈真理〉に到達するには、いつも、そこへと戻って読み返さねばならない〈テキスト〉がある。

（『日本語が亡びるとき』水村美苗、ちくま文庫）

「〈真理〉がその〈真理〉を記す言葉そのものに依存している」とは、なんと強い言葉だろう。このくだりを最初に読んだ時、よみがえったのは、確か、高校の現代国語の時間だろうか、たまたま読んだフランス文学者・森有正の「霧の朝」の一節だ。

フランス暮らしが長くなった森は、パリの石畳を歩いていて、一瞬、ある感慨に襲われ、それはすぐに確信に変わる。その時、彼の確信となったインスピレーションとは、この一文に集約される。


経験が名辞の定義を構成する……。

（「霧の朝」『遙かなノートル・ダム』森有正、講談社文芸文庫）


じつは人は、抜き差しならない、言葉に対する記憶を持っている。それは確かに、さまざまな人生の場面でじっさいに交わされた時の経験と直につながっている。水村さんも、森有正も、海外生活が長く、語学も堪能だ。タテのものをヨコにする、とは、日本語を英語、フランス語などに翻訳する時の常套句だが、そう簡単にヨコにはならないものがある。ヨコになりきれない想いがまとわりついた言葉があるのだ。

これは今まで、さまざまな場面での取材、交渉、対話を通して、また、数多くの出演者、ゲストの方々をお迎えするなかで、僕自身、抜き差しならない経験をしながら、心の奥底に培われていった感覚ではある。

そして同時に、それがまた足かせとなることもあると、肝に銘じなければならないのだ。言語というものはただでさえ、こうした歴史、文化、限定的な共同体などから規定を受けているのと同時に、個別的な体験のなかで生まれるリアリティをまとっている。それを考え、想像力を巡らせれば、日々の対話、意思疎通のなかでも、安易な理解などできないのだ。

「話せばわかる」という精神も大事だが、同時に「わからない」ということもわかることが大事だと、あえて、言葉にしておきたい。言葉への過剰な期待は、時に、予期せぬ事態を招くこともある。

すべてをわかろうとしなくてもいいし、わからなくていい。

V
逆説こそ楽しめばいい——ポストモダンの逆襲

心と身体の二元論を越えて

限りなく澄んだ青空、どこまでも続く水平線……。そうした風景に遭遇した時、心の底から湧き上がる感情に突き動かされ、つい海岸線を走りだしたくなる人がいるのと同じように、その感動ゆえにキーボードを叩き、言葉を紡ぎだしたくなる者がいたとしても、決しておかしくはない。さまざまな感情の衝撃は、人々を「運動」へと駆り立てるものであり、そこには「思考の運動」というものも含まれているのではないか？　そもそも、ものを考え、言葉を紡ぐという行為には、我知らず走り出すにも似た爽快感が伴うものではなかったか？

寝返りをうつという行為がある。これは言うまでもなく、睡眠中、生理的な欲求から、無意識に身体の向きを変えることだが、そうした生理的で、無意識的な運動性こそが、じつは今、言葉を紡ぐ行為のなかにも求められているのではないか？

あるいは、こうして言葉を連ねているなかで生まれる快楽に身を委ねてみることの意義を、今一度思い出してもよいのではないか？

そうした想いが、今現在、まさに僕にキーボードを叩かせている。

精神と肉体の二元論を越えて。頭でっかちになった現代の脳化社会のなかで、思考の柔軟性を取り戻すために。考えること、言葉を重ねること、そして、なんらかの行為がそこに生まれること。そうした一連の「運動」の爽快感を忘れない、あるいは、その快感を目覚めさせるため、歩み始めたい。その先に目指されているものは何か？　だんだん見えてくるはずだ。

八〇年代に流行し、その内実が共有されないままにファッションのように消費されていった言葉がある。「ポストモダン」。この「ポストモダン」こそ、じつはこの国にあって、不思議な解釈が勝手になされ、重宝され、称揚され、そして陳腐な概念として葬り去られていったもののように思えてならないのだ。この国の経済的な高揚に機を合わせてスポットライトを浴び、そしてその引き潮とともに消えていった言葉。

「ポストモダン」。この言葉との出会いを、僕は正確には覚えてはいないが、七〇年代後半の『朝日ジャーナル』など、社会批評を旨とする雑誌記事のなかでではなかったかと記憶する。さらに多くの人々の間に、大衆的にある程度広まっていったのは、やはり八〇年代。バブル前夜、ニューアカデミズムといわれる潮流のなかでのことだ。

九〇年代半ば以降は、現代思想を仕事とするような人々を別として、さまざまな論客たちが時々思い出したように言及し、それぞれ思い思いの定義で語られているように感じる。

僕は六〇年代前半、高度成長の始まりの頃に生まれ、とはいえ、さしてそのことにそう大きな恩恵を受けたとは感じられない地方都市に育ち、そして八〇年代初頭に上京、バブル全盛の時代に東京で学生生活を送った。その時代の一部を間違いなく彩っていたのが、「ポストモダン」という記号だった。

ニッポンの八〇年代というあの不思議な時代を肌で感じている身としては、そんな背景を背負っているからか、昭和から平成へ……、一身にして二生を経る感覚とともに日々生きている実感がある。そしてそれはとりもなおさず、今から三〇年以上前に、このニッポンという国のカルチャーシーンを覆っていた「ポストモダン」という潮流を反芻し、あらためて考えるということともつながっている。

今、あの「ポストモダン」の時代をどう捉えたらよいのか？

その本題に入る前に、一度素直に、一般的な定義を確認してみよう。

ポストモダンとは？

「ポストモダン」

現代という時代を、近代が終わった「後」の時代として特徴づけようとする言葉。各人がそれぞれの趣味を生き、人々に共通する大きな価値観が消失してしまった現代的状況を指す。現代フランスの哲学者リオタールが著書のなかで用いて、広く知られるようになった。リオタールによれば、近代においては「人間性と社会とは、理性と学問によって、真理と正義へ向かって進歩していく」「自由がますます広がり、人々は解放されていく」といった「歴史の大きな物語」が信じられていたが、情報が世界規模で流通し人々の価値観も多様化した現在、そのような一方向への歴史の進歩を信ずる者はいなくなった、とされる（『ポスト・モダンの条件』一九七九年）。また、ポストモダンという言葉は、ポスト構造主義の思想傾向を指す言葉としても用いられ、その際はポスト構造主義とほぼ同義である。唯一の真理をどこかに求めようとする思考を徹底的に批判しようとしたデリダ、近代は自由を求め拡大したのではなく、むしろ人々の内面と身体を管理する技術を発達させたと述べたフーコーなどは、共に、近代的な物語を解体しようとした思想家として見られるからである。

（西研による『知恵蔵』〔朝日新聞出版〕での解説より）

ひとつ気になるのが、「各人がそれぞれの趣味を生き」という、この「趣味」という表現だ。「趣味」という言葉で括られた瞬間、すべてが矮小化《わいしょうか》する。少なくとも八〇年代、この言葉が世間で叫ばれはじめた頃のワサワサとした収まらなさ、統制が取れたわけではない自然発生的な祭りのなかで生まれていた感覚が削ぎ落されてしまうことに、いささかの違和感がある。

さらにもうひとつ、定義の例をあげよう。

モダン＝近代を批判する思想をポストモダンという。西洋で、おもに建築をめぐる議論から始まったこの思想がうけ入れられたのはなぜか。それは戦後日本が、経済的な成功をおさめたからであった。（中略）

これは徹底的な「公の解体と個人の砂粒化」を是とする時代だったと言ってよい。「砂粒化」とはどういう意味か。それはあらゆる興味関心が流動し、変化してやまない個人的趣味＝消費に還元されてしまうことをイメージした言葉である。バラバラの趣味に引きこもる個人の群れ＝「砂粒化」（宇野重規）状況が出現した。この相対主義がポストモダン思想の特徴だったのである。

（『アフター・モダニティ――近代日本の思想と批評』先崎彰容、浜崎洋介、北樹出版）

またもや、「趣味」「消費」の話に「還元」されてしまった。他者の言葉を引きつつ、やはり「砂粒化」の時代だったと定義し、ポストモダン思想とはひとつの相対主義だったとするのだ。専門の日本思想史にとどまらず、現代社会へも鋭い批評を展開する先崎彰容さんのこと、考察はここにとどまらず、この後「お定まりの相対主義批判をしようと思わない」と切り返し、深い思惟が展開されていくのだが、あの時代を生き、渦中で空気を感じていた人間からすると、この定義には微妙な違和感を禁じ得ない。

面白いもので、人間の思考のサイクルは、三〇年もすると過去の時代を「歴史」としたくなるのか、単に世代替わりして、新たな世代が文献によって過去を語ろうとする過程で、微妙なずれが生じていくのか……、そこには少々複雑な感慨もある。

歴史というのは厄介で、一時代すぎると、前の時代の気分がわからなくなります。

（『八人との対話』司馬遼太郎、文春文庫）

ちなみにこれは、作家・司馬遼太郎が一九七六年に、評論家・山本七平との対談のなかで、戦時中の軍隊の制度について誤解が多いことについて漏らした言葉だ。ここでの「一時代」は、およそ三〇年、ということになる。今僕が感じる「前の時代の気分」も、ちょうど三〇年ほど前の話なのだ。面白いと同時に、堅苦しい意味ではなく、リアリティを共有する豊かな議論のためには、歴史を継承する対話の必要性を痛感する。

さて本題に戻って、この時代の気分はどうだったのか。八〇年代とは何だったのか?

シラケつつノリ、ノリつつシラケる

前の章でも触れたように、当時、まったく迷うことなく、ニッポン株式会社の永遠に続く繁栄を信じるかのごとく、巨大金融機関へと向かい、会社共同体の一員になることに大いなる喜びを感じていた若者もたくさんいたこともまた事実。そこを忘れてはまた歪んでしまう。

しかし同時に、そうした大きな奔流、経済の流れに乗り、そのことによって巨大な利益共同体のなかで承認を得ていく生き方にも乗り切れない、とはいえ、巨大資本は敵だと一方的に全否定、断罪するような言説にも賛同できない、そんな人間も少なからずいた、ということだ。

当時一世を風靡した書に、秀逸な一文がある。

「シラケつつノリ、ノリつつシラケる」

（『構造と力』浅田彰、勁草書房）

このスタイル、ありようは、ある意味、「ポストモダン」という感覚を象徴しているといえるかもしれない。ひとつの近代化＝モダンの物語の戦いの後の空気を肌で経験した後だからこそ感じる、正面からの愚直な戦いの無効性。ポストモダンは、近代的な価値観に対する批評であり、その意味で、実践的に生きられ、考えられるものである。それは、常にある種のねじれに巻き込まれたなかで、やむを得ず生まれる、ひとつのスタンスなのだ。そこに、やむにやまれぬ想いと、時代の流れのなかで精神のバランスをとる本能の反応を見る。

別に「ポストモダン」を「相対主義」と片付けても、あるいは「砂粒化の時代」として定義しても、それはそれで、「趣味」の問題で自由なのかもしれない。しかし、そこで皮肉に感じるのは、そのことによって、言葉の重層性、多義性、ひいては、思考というものの膨らみ、味わいというものが枯れていってしまう恐れだ。

ポストモダンが叫ばれた時代、なにゆえにそんな言葉がちょっとした流行りとなるほどに広まったのか？　あえてその問いの前にとどまり、そこにひとつ、石を投げ入れてみたいと思うのだ。その波紋の広がりに任せて、少し考えてみよう。

「Aと伝えるためには」……Aと言えばいいわけではない？

たとえば、何かを伝える、ということ。あることを伝えるため、文章がしたためられる。言葉が選ばれ、表現が重ねられ、文章が織りなされ、あたかも音楽の調べのように旋律が奏でられていく……。こうしたうねりが文章であり、また言葉の真の定義においてのエッセイ＝試論だと思う。

さて、「ポストモダン」にまつわる表現の話だった。これをメッセージにおける逆説の問題と捉えたらどうなるか。

「Aと伝えるためには」

こんな命題があったとする。その時、人は、どうこの後を続けるか？

「Aと伝えるためには、Aとはっきりわかるように言いましょう」

こうした「近代的＝モダンな教育」のなかでしっかり教わってきた作法は、どこまで有効なのだろう？

文をしたためるという行為も含め、表現することとは、そこに心の動きなり、なんらかの必然性をともなうもののはずだろう。何がしかを伝えたいという想いと、それをある文脈のなかで語ろうという作業は、精神の緊張関係が要求される綱渡りであり、同時に、伝えようとする他者への想像力が欠かせない作業だ。

だからこそ、そこで言葉が選ばれる。言葉の選択の連続で、文が形作られていく。このごく当たり前のことから確認してみたい。

その時、さまざまな言葉が選ばれる。重ねられる。表現は、複雑に多様に広がり、言葉は独自の絡み合いを始め、文脈と呼ばれるものを形作り始めるのだ。だとしたら……。

そこでさらに、今一度ひとつのテーゼを提示してみよう。すなわち、

「Aと伝えるためには、Aと言い続ければよいわけではない」

これを詭弁と読むか、逆説と読むか……。いささか幼稚な物言いと受けとられるだろうか。

しかしながら、この「幼さ」は、今一度確認しておきたい事柄なのだ。あらためて伝えねばならぬと感じられる言葉なのである。あえて、野暮を承知で。

「Aと伝えるためには、Aと言えばよい」

「Aと伝えるためには、Aと言いさえすればよい」

「Aと伝えるためには、Aと言わねばならない」……。

グローバルスタンダードが叫ばれ、そして自己発信の重要性が説かれた結果、社会に渦巻く言葉、言説は、貧しくなり、紋切り型となった、というストーリーを想起するのも、また紋切り型なのだろうか？

いったい、語るべき自己とは何なのか？　共同体から無理やり引きずり出されて、オリジナルな自己を語れ、真に考えるところを語れと強迫観念に追いたてられた時、多くの人々は重い口を開き、「自己」を語り出すのだという。あるいは、ようやく桎梏《しっこく》から解放されたとばかりに軽やかに「自己表現」に向かうのだという。

だが、一見多様な「自己」解放は、そこで語られる多くがまた紋切り型であり、同質的な限界を持つものであることも直感せざるを得ない。

「当社でほしいのは人間力です」「あなたという人の人間性を教えてください」。卑近な例では、就職活動に臨み、嫌でも「自分探し」に追い立てられる学生たちの方が、そうした紋切り型の限界を感じる経験が骨身にこたえているのかもしれない。

事物の本質を抉《えぐ》り出そうとする時、抽象化を徹底させることで、一見何の関連性もない二つの事象に潜む同質性を明らかにしていく方法がある。それが、さまざまな分野に同一の関係性を見出す構造主義のひとつの成果であったとすれば、その成果は今こそ、実践のなかで活かされていくべきものだ。個性に基づき「新しい」言説を発しているつもりで、じつは大きな物語のなかにほどよく収まる、何ら変わらない思考を展開しているに過ぎないのだとしたら……。

自己を語れ、主張せよ、意思を示せ、というスローガン。その強迫観念のなかで言葉を口にせねばならぬ時、人々は律儀に反応する。誠実に「思うところ」を言葉にしようと努力する。だが、「律儀」さであれ「誠実」さであれ、多くの場合、何の衒《てら》いもなく好意的に用いられる言葉がまとうニュアンスがねじれ、反転する瞬間にこそ、言語表現の可能性がある。

その場で僕らは立ち止まらねばならない。新たな言葉の位相の出現を、脱臼にも似た身体感覚として受け入れねばならない。

安易な言葉を選べない宙吊りにも似た浮遊感。それは思考停止ではなく、それこそが思考の継続である。むしろ「律儀」で「誠実」であることを標榜し続ける言語表現への欲望の行き着く先は、時に同語反復の陥穽《かんせい》を招く。そこにあるのは、あまりに無邪気な「話せばわかる」という神話であり、何がしかの文脈を他者との間に既にして暗黙のうちに共有できているという甘えだということにもなりかねない。

合理的思考により論理的に展開される言葉の力に対する信頼はもちろん、それこそ前提だろう。しかしながら、今、あまりにも陰影がなく、屈折のない無防備なまでの言葉への依存が、「国際的普遍性」の名において、あるいはさらに大きな文脈でいえば、ＩＴ技術と経済の論理が加速化させた「近代的な論理の完成」の果てに、表現の可能性をやせ細らせていっていることをじわじわと感じる。そして、その限界、時代の臨界点にきているという想いすらする。「合理的」思考による言葉の限界が、そこにある。

今、動き出さねばならないのは、存在を賭けた生理、肉体から紡ぎ出される言葉ではないのか？　そこでは強度が問題とされることになるだろう。精神のしなやかさと強靭さとに、焦点があてられねばならないのではないだろうか？

そしてじつは、しばしば、そこに逆説が生まれるのだ。

「Ａと伝えるためには、Ｂと言わねばならない」

それは難解さを楽しむ遊戯などではなく、現実を生きていく時になされる、むしろ真に「律儀」で「誠実」であるがゆえの言葉なのであり、批評であり、対象との距離感の表し方なのである。

ニッポンの「ポストモダン」

「Aと伝えるために」――その言語ゲームのルールは、背景にある社会の構造からも影響を受ける。「主体」が明確に自らの「意志」を口にすること自体が難しく、また、そのことがなんらかのズレを生んでいく社会では。

一般的にいえば、日本の組織体のなかでは、決定や命令は、上位から一方的に作為されたものとしてではなく、「自然に成った」もののごとくなされる。最上位者がすべてを計画し強制するというような組織体は、たとえあっても長続きしない。最上位者がいわばゼロ記号であり、決定や強制はいつのまにかそう成ったというかたちをとる組織体が、結局長続きするのだ。事実上は、誰かが決定したのだが、誰もそれを決定せず且つ誰もがそれを決定したかのようにみせかけられる。このような「生成」が、明らさまな権力や制度とは異質であったとしても、同様の、あるいはそれ以上の強制力をもっていることを忘れてはならない。

（『批評とポストモダン』柄谷行人、福武文庫）

ビジネスマン向けに「日本的経営」「日本的意思決定」を説いたものではない。初出は、今は亡き文芸誌『海燕』（一九八四年一二月号）に「文芸評論家」柄谷行人がしたためた文章であったことに、いささかの皮肉を感じる。こうした風土のなかで動く社会に、外来の概念として「飛び込んできた「ポストモダニズム」が、錯綜した様相を見せることは想像に難くない。すなわち、曲がりなりにも、モダニズムが確立したうえで、ポストモダンという作法を有効な戦略として認識できる欧米と、そもそもモダニズムを未消化のまま、ポストモダニズムと出会うことになった日本との差異。

ちなみに彼は、八〇年代「ポストモダン」の時代の最中にあって、日本でのその流行の発信者、当事者と目されながら、自らをポストモダニストと分類されることを嫌っていた。後の述懐もある。

僕をポストモダンな思想家の代表のように思う人が多い。しかし、それを最初に批判したのは僕ですよ。これを書いた一九八四年の時点では、「ポスト・モダン」という言葉は建築の一部の領域でしか使われていなかったので、そういう言葉を使った僕自身が、ポストモダンの思想家だと思われたのかもしれませんね。僕があえて「ポスト・モダン」という言葉を使ったのは、戦前の日本にあった「近代の超克」が念頭にあったからです。

（『政治と思想１９６０－２０１１』柄谷行人、平凡社ライブラリー）

ちなみに「近代の超克」とは、戦前、京都学派を中心とする学者たちが西欧的な近代＝モダンの思想を総括し乗り越えていこうとした試みのことだが、柄谷はその成果を認めず、つまりは、「ポストモダン」とはなっておらず、むしろ「プレモダン」的な結果に終わったと考えているがゆえの発言だ。この日本でポストモダンを口にする時の警戒感の表明といえるだろう。その意味で、柄谷の発言は一貫している。極めて率直なモダニストのそれであって、本人が語るようにポストモダニストではないのだろう、彼のレトリックに従えば。

彼がこうした発言をするのは決して珍しいことではない。過去にもインタビューなどで、八〇年代の「知のファッション化」と揶揄されることも多いニューアカデミズム現象などに水を向けられるたびに、自らの異なる立場を表明してきたと記憶する。そうした、「モダニスト」としての決意表明を目にするたびに、僕はその発言を頭では理解し共鳴しつつも、いつもそこに倒錯した、一抹の違和を感じてきたのだった。

そして今なお、ポストモダン批判をする彼の言説をここに確認してみたわけだが。さて？

決定不能の状況に耐える思考

さて、「Aと伝えるために」は、「Bと伝えること」も一つの方法だという話だった。

しかし、さらにその先もある。その前と言うべきか？

「そもそも、Aはあったのか」


わたしの語ろうとしている都市（東京）は、次のような貴重な逆説、《いかにもこの都市は中心をもっている。だが、その中心は空虚である》という逆説を示してくれる。

（『表徴の帝国』ロラン・バルト著、宗左近訳、ちくま学芸文庫）


たび重なる引用であまりにも有名なこのフレーズ。かつて、ひとりのフランス人哲学者が旅の過程で浮かびあがらせた想念は、今また、新たな実践へと役立つメッセージとして発見されねばならない。

「中心が空虚である」という逆説。「中心に実体がある」ことを期待する物語を、もはやともに共有できなくなった状況にあって、「空虚」であることもまた、別段驚きではなくなっているのではないか？

この厄介さ。その時、事態は反転し始める。まったく手がかりのない場所で歩き始める憂鬱と快楽がそこにある。

言葉は表現される段階でズレる。それは、ポストモダン思想の本家の一人、「小説は作者のものではなく読者のもの」という逆説で「開かれたテクスト」という新たな読解の可能性を示したロラン・バルトなど持ち出さずとも、人々が体験的に知るところではなかったか。言葉で実体をつかまえようとする刹那、必ずその表象はズレを孕むのだ。

「AはBにもCにもなる」

異なる位相ごとに生まれる「合理的な結論」が折り重なるなかで不合理な結果を生んでいくプロセスを耐え抜くこと。あえて楽天的に逆手にとれば、「不合理な結論」の連続を合理的な、有意義な結論へと導くオセロも成立する、はずだ。

それは、ある意味、何が真実かがあやふやになったことが嘆かれる「ポスト・トゥルース時代」の基礎教養といえるのかもしれない。そもそも言葉という存在そのものが、トゥルース＝真実からのズレを孕んでいるのだから。「言葉で真実を語れ」というスローガンがあったとすれば、それ自体が厳密には不可能な命題、必ずズレを孕んでいるのだ。

むしろここで警戒すべきは、AでもBでも、手っ取り早い結論を求めてしまうこと、決定不能な状況に焦《じ》れて安易な結論を求めてしまうことなのかもしれない。大事なのは、Aでも、Bでも、Cでも、そのはざまのなかで、可能性を失うことなく、考え続けることだ。

八〇年代の「歯を食いしばった道化たち」

言葉が孕む微妙なズレ、記号、表象……。錯綜する不思議な言語ゲームが市民権を得た時代の起点として、「ニッポン的ポストモダン」の風景を今一度描き出してみることで、出口は見えてくるのだろうか？　それは、八〇年代という「ニッポンの分水嶺」だ。

世界に「クールジャパン」が喧伝され、「サブカル大国」がすっかり世界に浸透したかに見える二〇一〇年代の今、この今を考える時、八〇年代のカルチャーシーンこそ、冷静に分析してみる意義があると思う。「バブル」ばかりに目を奪われる、あの時代。AKBの代わりにおニャン子がいた時代。オタクはお宅と表記され、クールではなく、忌み嫌われていた時代。すべてが「笑い」とともに語られ始めた時代……。

八〇年代は、この国の文化の切断点、不連続点なのかもしれない。戦後ニッポンの社会史。それはメインカルチャーとサブカルチャーの攻防の歴史でもあった。一見大衆的な「とるに足らない流行」こそが、常に次代の空気を先取りし、準備していた。その視点で、この間に起きたこの国の文化の地殻変動を捉えると、どうなるか？

聖も俗も、岩波文庫もエルメスのバッグも、「価値紊乱《びんらん》」の結果、すべてが等価であると唱える言説が注目を浴びた時代。そこには、メインカルチャーへのサブカルチャーからの反撃がこめられていた。それは、急激に豊かになった日本の消費社会への屈折した自己批評でもあった。そしてそれはその後、タテマエを剥ぎ取りホンネをむき出しにすることを迫る批評へと転化するのだが、それはまた別の話だ。

物質ブランドと精神ブランドの「等価性」を突き付けることで、従来型知識人に反撃しようとする動きが生まれていたのだ。彗星のごとく現れたお笑い芸人・ビートたけしさんが、「赤信号みんなでわたれば怖くない」という笑いで、大衆社会を茶化し、戦後思想界の巨人・吉本隆明さんが「インテリ」に「比叡山を降りよ」と、ある種ユーモラスとさえいえる警告を発し、大衆消費社会の先頭を走るコピーライター・糸井重里さんがシニカルな笑みを浮かべて、自らのコピー作品を「一行一千万円」と口にしたのである。

そこには、常に自己批評が介在していた。それはバブル真っ盛りの、消費文化全盛、合理性を貴ぶ経済の論理が表にせり出していく時代のなかで、そのカウンターとして、不合理の文化が、モノ申していた現象ともいえる。

自己批評――。そうなのだ。先の柄谷さんの言葉にあったように、この時代に論壇の脚光を浴びた人々の多くは、時に「ポストモダニスト」として振る舞いつつ、時に「モダニスト」であるとも言明し、メディアで自らの像が乱反射するのを楽しんでいたかに見える。常に両刃の剣。自らの言葉は、自らの足場を掘り崩していく、そのことに自覚的な表現が、次々に飛び出していた。

ともすれば、プレモダンをポストモダンと錯覚していても不思議ではないこの国では、モダニストとポストモダニストの両方の身振りを示し、その幅のなかで「遊ぶ」戦略を取るしかない。そこでは、その強度が、問題になってくるのだということ。そうした両義性のなかで表現が試みられていたのだと思う。

そこにあった、緊張の糸。この国にあって、常に引き裂かれることを覚悟せざるを得ない心性。ニッポンのジレンマ。先の糸井さんの姿を、「歯を食いしばった道化」と評したのは、当時の『朝日ジャーナル』筑紫哲也編集長との対談「若者たちの神々」での浅田彰さんだったが、この時代の表現者たちに共通する、一人二役の両義性をよく表わしていると思う。

それは、どんなに柔らかなサブカルチャーの領域にあっても、否、サブカルチャーと括られるようなフィールドにあってこそ発揮されたメンタリティーと言いうるのかもしれない。だからこそ、たとえば『広告批評』などという、今までの時代にあっては成立することがにわかには信じがたいジャンルが生まれ、資本主義の最前線と文化の論理が、水と油の禅問答を繰り広げたのだろう。

「正解を出すことが正解ではない場合について」

「無意味さから逃れる無意味さについて」

さまざまな媒体での表現の現場において、こうした自らの足場を掘り崩すようなレトリックが日常的に用意される、そんな不思議な空気が漂っていた。まさに「不思議、大好き。」（糸井重里による西武百貨店のコピー）だ。

そこで目指されていたのは、資本の論理という一定の制約がありながらも、のびやかな思考の運動を殺さないための、知との柔らかなつきあい方を模索する姿だったように思うのは、美化された物語だろうか？　柔らかな表面だけに騙された人々にとっては、単なるスノッブな遊びだったのかもしれないが、じつは悲鳴をあげそうな「近代化」の論理に、ねじれたブレーキをかけるための概念、自己批評を試みる戦略、それがポストモダン、ともいえるのだ。

この世のすべては相対的なものである。そして、だからこそ、人は時に絶対的なものを求め、一瞬でも絶対を垣間見たいと願う。そんな相対化と絶対化をめぐるせめぎ合いが、日常的な大衆文化のなかに散見された時代であり、そうした表現のありようが、戦略としてうっすらと浮かび上がった時ともいえる。

時代の潮流への免疫力

「一人二役」、すなわち、近代化の推進者であると同時に批判者でもある存在。自らそこにめぐらせた一本の緊張の糸こそが、思想の生命線だ。この国を、連続性と切断のポイントを探して俯瞰で眺めようとする時、前景に現れてくるのは、いつも、「あいまいな日本の私」(大江健三郎)である。

それは、じつは戦後に限った話ではないのかもしれない。そんな眼差しで見ると、ふと、日本近代化の立役者は皆、ポストモダニストだ——そんな乱暴な物言いもしたくなる。

価値紊乱の八〇年代の大波が過ぎ去り、潮が引いていくような九〇年代半ば、海外で仕事が続く時に、僕はよく一冊の文庫本をバッグのなかに忍ばせていた。

『草枕』。夏目漱石。

山路《やまみち》を登りながら、こう考えた。
智に働けば角《かど》が立つ。情に棹《さお》させば流される。意地《いじ》を通せば窮屈《きゆうくつ》だ。兎角《とかく》に人の世は住みにくい。

（『草枕』夏目漱石、新潮文庫）

一〇〇年以上も昔、日露戦争の頃に発表された「国民的作家」の「異色作」だ。熊本の山中にある温泉宿に泊まった洋画家である主人公と、その宿の女性との心の行き交いが軸となる小説なのだが、さしたる筋立てがあるわけではない。不思議な作品だ。漱石本人が仮託しているのであろう主人公の独白を通して、芸術論、文化論、よしなしごとが徒然に語られていく。ストーリーを楽しむというより、そのディテールに潜む、批評的な言葉に刺激を受ける。

どこからどう読み始め、読み終えても構わない、そんな気にさせる、言葉の運動が展開する。物語ではない、しかしエッセイでもない、だが、小説という概念を、微妙に揺さぶられる……。この奇妙な形式の小説の世界に遊ぶことは、ヨーロッパでの仕事の最中、ちょっとした気分転換だった。石畳の社会で、ホテルのバスタブに浸かりながら、ひとときの現実逃避をしていたのかもしれない。なにせ先に述べたように、グローバルスタンダードの嵐が、日本に「大転換」を迫り始めていた時代でもあったのだから。

漱石が感じていた「人の世の住みにくさ」。そのひとつに、明治のニッポンの「近代化」に対するジレンマがある。かつての「大英帝国」を知れば知るほどに、そして、かの国の「近代化」を日本人が真面目に学ぼうとすればするほどに、そこに生まれるズレ、ねじれ、違和感。社会が大きく動く時、その背後にある空気がとてつもない変質を遂げる時、なんともやるせないものが残るのは、いつの時代も同じ、ということか。

そこから一気に八〇年ほど時を飛ばし、再び、八〇年代から九〇年代への変化と重ね合わせてみよう。漱石のベースにあるこの「引き裂かれ感」「ジレンマ」は、その後、この国を何度も襲ったものと、見えてくる。

九〇年代は、経済の失速という「第二の敗戦」の空気が漂い始めた時代。それは、江戸から明治への転換にも匹敵する大きな変化の時代という見方ができることはすでに触れた。会社共同体への全面的な信頼がベースにあり、モーレツ社員が尊ばれた時代から、起業がトレンドとなり、すべてに自己責任が叫ばれ、ワークライフバランスが説かれる時代へ。「物語」として何度も語られてきた通り、この国は、大きな変化を経験した。バブル崩壊、グローバル化などの言葉がそこに連なるのは、ご承知の通りだ。

だが、それだけでは掬い取れないものがある。権威から、制度から、あらゆる「物語」かららすり抜けていく、常に蠢《うごめ》きのなかにある、得体のしれない変化の兆候……。出発点は、いつも、思いがけないところにある。

一九八〇年代にブームを迎えた知のスタイル、こうした表現の「決定不能性」こそ、じつは今一度向き合うべき流儀、それこそ、当時流行の言い方をすれば「可能性の中心」といえるのだろう。そしてその時代の大きな潮流のなかでキーワードとして脚光を浴びていた「ポストモダン」は、その「決定不能」の揺らぎ、分裂、両義性というさまざまな記号を波及させる震源のような概念だったのだ。

すなわち、「モダン」＝近代が終わり、その「後」の時代がやって来る。それは「モダン」の論理をどのような形にせよ、乗り越えた先に生まれる状況だ。

ニューアカデミズムといわれ、まさに現代思想が資本主義の最先端で商品化された時代に「流通」した記号＝「ポストモダン」。もちろんすべてを一緒くたに語りようもないのだが、強力な消費社会の力のなかで、良くも悪くも、ひとつの「カルチャー」として見なされ、語られ、そして消費された側面は否定できない。そしてまた、そうした「カルチャー」の担い手たちも、自らが「商品化」されることを否定しつつ、同時に戯《たわむ》れてもいたかに見える。

そこには、いつも、両義性がつきまとっていたことは先に述べた。「ポストモダン」とはいうけれど、そもそも「モダン」はあったのか？　近代的な概念は、本当にこの国に定着したのか？　真摯に愚直に問いを発すれば、うなずくことは難しかった。だが、だからといって、当時「アジアにあって唯一〈近代化〉に成功した」とも評された国に「モダン」がなかったなどという話もにわかには信じ難い。

というわけで、八〇年代当時のニッポンの「ポストモダン」論は、いつも引き裂かれていたのだ。「ポストモダニスト」と評される人々が、まず「ポストモダニズム」を否定し、「モダニスト」であることを標榜したうえで語り始めるという屈折した状況が、それを表わしている。

それは「ハイカルチャー」だったのか？「サブカルチャー」だったのか？　いずれにせよ、何より重要なのは、その背後に、ニッポンにおける「モダン」。そのありようについての疑いの眼差しがあったということだろう。

ポストモダニストとしての漱石

そこで、再び『草枕』へと話は戻る。ここに至り、「ポストモダン」小説としての『草枕』に、「可能性の中心」を見出すのだ。

輸入された出来合いの「近代」に身をよじり、「住みにくい」と嘆じる漱石の姿は、未来を先取りしている。冒頭の引用に続けて、漱石は、こう綴る。

住みにくさが高《こう》じると、安い所へ引き越したくなる。どこへ越しても住みにくいと悟《さと》った時、詩が生れて、画《え》が出来る。

（『草枕』）

漱石が『草枕』をしたためてから一一〇年。今、この国から生まれた「詩」や「画」は、「クールジャパン」として世界を駆け巡る。ふと、妄想がかすめる。明治、大正、そして昭和。鹿鳴館、焼け跡からバブルを経て、現在の街並みへと風景は変わっても、「敗戦」を何度経験しても、「ポストモダン」の屈折こそが、今なお、じつは「反復」されている、日本の光景ではなかったか、と。そこに、永遠の「ポストモダン」を生きる、この国の戦後があるのではないか、と。

「ポストモダン」がポップな商品となった、八〇年代の不思議な価値紊乱、引き裂かれる時代は彼方へと去り、そして今、さまざまなジャンルに細分化された、「サブカル」空間が広がる時代となった。そこには、どこにも「中心」を見つけ出すことも、「周縁」を発見することも難しい、広大なタコツボがあるように思える。

しかし、さまざまな歴史を経て、漱石の時代へ、江戸から明治へ、そんな時代にまでさかのぼる、とてつもない歴史の旅へと旅立つ時、すべては相対化され、再び、ダイナミックな混沌が訪れる。そこで語られる「中心」も「周縁」も、いつも揺らめき、形を変える、アメーバのような、構造なき構造体のようなのだ。

それは、時に石畳の国の人々の目には、たまらない魅力として映ることだろう。何とも不思議な錯綜をはらんでいるのかもしれない。

そこに横たわる時空の歪みに軽いめまいを感じながら、旅は続く。そしてその先に、ポストモダニストの先輩としての漱石を発見する。

西欧的二元論の功罪

西欧からもらった「近代」的な分析の手法、贈り物のひとつに、「二元論」という概念がある。明と暗、具体と抽象、物質と精神、意識と無意識……、さまざまな領域で対極に概念を配置し、そのことによって分析、思考を明晰化させる方法論。

そのロジックで分析していくと、正―反―合、と弁証法が示すように、段階を踏んで、物事の本質が明らかになっていくという。これには、先にも少し触れたように、もちろん、思考の明晰化のために一定の効用がある。

だが、その方法に律儀に付き合っていくことにはタイムラグが生じる。まずAとBに分節化、そして、先にAについて考え、後にBについて精査する。こうした流れのなかで、もちろん、時の流れを無視してもよい問題ならよいのだが、このプロセスのなかで何かが変質してしまうものもある。

段階をふんで、論理的に考えることは、確かに大事だ。有効なツールだ。しかし、時にそのことが誤謬《ごびゅう》を生む。細分化した範囲で生まれた「正解」が、再び全体化した際に「正解」となり得ないことは、合成の誤謬としても知られるところだ。

一挙に、すべてを包含して、本質を突く。そうした方法論こそが、じつは二元論以前の、近代の、乱暴にいえば、東洋の知恵ではなかったか？　それは、モダンの時代に「非科学的」といわれるようになったが、「非科学的」であることは、完全にマイナスを意味するのだろうか？「科学」「進歩」……、さまざまな概念が相対化されていくなかで、めまいが起きる。

「表層批評」その可能性の中心

さて、揺らめきながら、中空に漂いながらのポストモダン論。
ここでもうひとり、柄谷さんと並ぶ、おそらくは「ポストモダニスト」と呼ばれることを嫌う「ポストモダニスト」の言葉から、思考を展開してみよう。

なにも語れなくなってしまうという状態に置かれたとき、はじめて人は何ごとかを知ることになるのだ。実際、知るとは、説話論的な分節能力を放棄せざるをえない残酷な体験なのであり、寛大な納得の仕草によってまわりの者たちと同調することではない。何ものかを知るとき、人はそのつど物語を喪失する。

（『物語批判序説』蓮實重彦、中公文庫）

柄谷さん同様、「ポストモダン」全盛の時代にあって、「ポストモダニスト」であることを基本的に否定し、まれにその呼称をシニカルに楽しんでいたかに見えた蓮實重彦さんは、じつは、時に意外なほどストレートに、自らの主張を明晰な言葉にしている。近年、三島賞受賞の記者会見で「はた迷惑」と述べて話題となった、フランス文学者にして、元東大総長でもある蓮實さん。「知る」こととは「物語を喪失する」こと。さらに続ける。

知るとは、あくまで過剰なものとの唐突な出会いであり、自分自身のうちに生起する統御しがたいもの同士の戯れに、進んで身をゆだねることである。陥没点を充填《じゅうてん》して得られる平均値の共有ではなく、ときならぬ隆起を前に、存在そのものが途方に暮れることになるのだ。

（『物語批判序説』）

ロマンチストの言葉であり、リアリストの言葉とも読む。ここでも両者はひとつの人格のなかに共存している。対象への深い愛ある没入と、厳しい冷めた距離感を持つ現実認識と。

こうした二つの中心を持ちながら、その緊張感を維持し、両者を単にほどよく平均化などさせることなく、同時に走らせ続けるという得体の知れない運動性を保つ彼が、ポストモダニストでなくて何なのだろう?

あらゆる表現は、ある共同体のなかで、その制度的なコードのなかに回収されてしまう。半永久的にその外には出られない。「新しい」とされるのは、制度的に「新しい」と分類され理解が及ぶものであり、その意味で、古くからあるものである。本当の「新しさ」はいつもそこにはない。ドン・キホーテが蜃気楼に向かって突進していくような徒労感がそこにはつきまとう。

原理的にはあらゆる存在に向けて開かれてさえいるはずなのに、現実には、その受難＝快楽に進んで身をまかせようとする者はごく稀である。それが権利だとは思われていないからだ。誰もが真実の露呈という永遠の儀式にたどりついて終りとなる物語を欲望し、その欲望を漸進的に満足させる説話論的な秩序に埋没することこそが快楽なのだと確信している。

(『物語批判序説』)

嘆かれるその「快楽」の取り違い。哀しいすれ違い。「受難＝快楽」を権利として受容し、その過程そのものを生きること。「説話論的な秩序」に回収されることから身をよじり、「真実の露呈」という安易な物語からも距離を置き、思考という運動を継続し続けること。そこに、じつは、「快楽」があるという。

そうしたセンスは、以下の文章のなかで、確信犯的に「宣言」される。

「批評」とは、存在が過剰なる何ものかと荒唐無稽な遭遇を演じる徹底して表層的な体験にほかならない。この体験を「文学」から解放し、経験のあらゆる水準へと向けて拡散させようではないか。

（『表層批評宣言』蓮實重彦、ちくま文庫）

ポストモダンとは、対象との距離感のなかにある。この「宣言」が、本人の意図通りの「拡散」を生んだかどうかは、何とも測り難くはあるが、こうした言説のありようが、八〇年代日本のポストモダンの潮流を準備したのであり、また、イデオロギーの解毒装置として、一定の機能を果たしていたと言いうるのではないか？
その象徴的な、時に悪文とも評される文章を味わってみよう。

罠と呼ばれるにふさわしいほど邪悪な装置が仕掛けられているわけでもないのに、どこかに身を潜めた悪意といったものがまるで罠としか思えない装置を思いのままに操作していて、いたるところで思考だの身振りだのからしなやかさを奪っているのだと信じねば気のすまぬ連中というのがどんな世界にも存在していて、そのことじたいは、彼らが孤独にそう信じて思い悩んでいるかぎりどうということはないのだが、しかし現実には、何かに脅えたり深刻そうに悩むといった妙にせっぱつまった表情とはまるで無縁の晴れがましい顔つきで連帯などと口にするその連中が、そのありもしない罠に向って自分だけは罠にはまるまいといっせいに身がまえたりするし、そんなありさまをいささかの距離をおいてながめている者たちも、彼らの身がまえる表情がそのときばかりは妙に真剣なので、それをあからさまに無視するのも何か気がひけてしまうのだが、たぶん善意にほどよく湿っているであろう瞳をこらして見えない悪意をじっと見すえている仕草はなかなか堂に入っていて、まんざらの冗談とも思えず、ついついそれほどのことならひとつ連中とつきあってみようかとも思ってしまう者がでてくるのも無理からぬ話だ。
（『表層批評宣言』）

これで一文である。こうしたスタイルばかりが取り沙汰されることは、まさに著者の企み通りともいうべきかもしれないが、その内容もさることながら、この文章にまつわる運動性にこそ反応しなくてはならない。これだけの言葉が費やされ、これだけの読み取る時間を共有していくなかでしか表現されえない何ものかの感触、感情、状況がそこにあったことへの想像力を、僕らは持ってもよいはずなのだ。

著者自らが作成した巻末の年譜のなかに、さりげなく書かれた注釈は、ことさらではなくてよいが、もう少しだけ注視されてもよいと思う。その項目は、昭和四三年（三二歳）の時の記述である。

この年から翌年にかけて、立教大学は学園紛争を体験する。何度もくり返し行なわれた徹夜の団体交渉の折に学生諸君と交したやりとりの言葉や言いまわしの数かずは、直接的、間接的にその後の文章の文体や修辞に影を落とすことになる。紛争時における言語的実践がなければ、その後の批評活動はなかったと思われるほど、個人的には深いインパクトを紛争から受けとめているのだが、そのことはあまり指摘されていない。

（『表層批評宣言』）

ここまで素直に告白しているところをみると、やはりもしかしたら、本当にモダニストなのかもしれない、本人の言う通り。しかし、これだけは忘れないでおいた方が良いだろう。「戯れ」というものの真摯さは認識されるべきであるし、また決して、「伊達や酔狂」であってもそれだけでは終わらない切実な現実のなかから、「実践」から言葉は生まれていくということを。単なるペダンチックな趣味だけでうねるような言葉は選ばれているのではなく、そう語るだけの必然性があるのだ。

冒頭で触れた、肉体と精神の二元論を超える、言葉を重ねていくことでも生じる爽快感は、現実の問題への眼差しと、その対象には同化できない身悶えと、その葛藤を乗り越えようという営為から生まれる。

ポストモダンは終わらない

さて、ポストモダンをめぐる冗長な論考、この章も、あちらこちらへ、不思議なフラグメントをまき散らしながら、今、終わりに近づこうとしている。筆者自身、十分、真摯な戯れを楽しむことができたかどうかは、まだ疑わしいが、こうしてキーボードを叩き続けるあいだに起きている肉体の変化は、おそらくは科学的な数値として計測しても、健康に資するものになっていると思われる。

ノスタルジーでこの題材を、またこの言葉が浮遊した八〇年代を語りたかったわけではない。ただ、常に時代を、時に微分し、時に積分する、そんな思考の遠近法の変化を意識しながら、いまいちど、二〇一〇年代後半、そして二〇二〇年以降の日本を考える時に、じつは今なお可能性のある方法としてのポストモダニズムというものに焦点をあててみたかったのだ。

それは、たとえ日本が「最も高度に発展した途上国」(與那覇潤『ニッポンのジレンマ元日SP「僕らが描く この国のカタチ2014」』)で、いまだプレモダンにあるとすらされる言説に遭遇したとしても、この日本的ポストモダンに賭けるほかないと思えばこその試論だ。一人二役をするしかない。その意味で、あいまいな日本をどう生きる？　ニッポン流ポストモダンのなかで引き裂かれることを、受け入れていくことをこそ覚悟、思考して、今さらのように、休日、ファミリーレストランのドリンクバーでパソコンに向かい、電車で移動しながらスマートフォンに書き付ける。

流れる車窓からの風景が、思考の運動へと誘う。流れのなかで、流されつつ、自由な思考のスタイルを確保するということはどういうことなのか。その実験の日々から何が生まれるのか？　そんな思考のありように可能性を見出す人間の真摯な戯れは、今しばらく続く。モダンのような目に見えた「前進」はなくとも、「横滑りの運動」のように見えながら、新たな何かを生んでいく試みだ。

そこに、「結論」はない。そして、だから同時に、それはやむことがない運動性を秘めているということも、約束できる。なぜならば、この運動には、始まりも終わりもないからだ。ゴールのないマラソンは、唐突に人生に幕が下りる時まで続くことだろう。それは、少なくとも、何かにルサンチマンを抱き、二元論で論破することに生きた証を残そうとする懸命さよりも、じつはしなやかなしたたかさに満ちているように思えるのだ。

ポストモダンは終わらない。

「脱構築」という結論を出さない方法

最後に、まさにポストモダンの実践となる、ひとつの哲学の言葉から話を始めよう。脱構築だ。早速、定義を引いてみる。

「脱構築」

J．デリダの用語。デリダ自身の定義によると、「哲学者の通った道をそのままたどり、そのやり口を理解し、その詭計を借り、その持ち札で勝負し、思うがままに策略を繰り広げさせておいて、実はテクストを横領してしまう」戦略。ヨーロッパの形而上学の基礎概念を作り上げた諸構造、すなわち「ロゴス中心的、音声中心的、男根中心的」哲学の言説、「現前の形而上学」を解体し再構築する意味をもっている。プラトン以来の「存在とは『恒常的現前』である」とする形而上学では、時間の一様態としての「現在」を出発点として考えることにより、「過去」も「未来」もその一変様として理解されてしまい、最終的にはG．ヘーゲルにおけるように、すべての差異性は解消され、時間性は失われ、絶対知が表れてしまう。世界は永遠不変の真理＝ロゴスによって成立することになる。しかしこうした存在了解は、一つの解釈にすぎず、世界はすでに解釈されたテキストとして現前するにすぎない。脱構築とは、まさにこのテキストの連鎖を自由に横断し、そのずれの中に世界の生成の瞬間を見いだそうとする、無限に反復される試みである。

（『ブリタニカ国際大百科事典　小項目事典』ブリタニカ・ジャパン）

あるいは、

フランスのポストモダンの哲学者デリダの用語。同じ著者のテキストのなかに、なんらかの絶対な真理を打ち立てようとする傾向と、反対に絶対な真理を解体しようとする傾向との、２つを同時に読み取っていくことをいう。脱構築的読解とも呼ばれる。デリダは、プラトンやフッサールなどの哲学者のテキストを詳細に読解しつつ、彼らが真理を打ち立てようと意図しながら、しかしその不可能性を自ら暴露してしまっていることを示していった（『声と現象』〈１９６７年〉など）。そこには「絶対の真理とされるものは、真理ならざるものを排除することによって成り立つが、完全な排除は不可能である。なぜなら、真理は真理ならざるものと深くかかわりあい、それによって汚染されているからだ」という考えがあった。デリダのように、唯一絶対の真理とされるものを批判し解体しようとする思想は、広く「形而上学批判」と呼ばれ、19世紀末のニーチェや20世紀半ばのハイデガーに始まるが、とくに20世紀後半に盛んになった。その背景には、マルクス主義の運動のなかで、絶対の真理や正義の名のもとで政治党派が互いに殺し合い反対者を大量に粛正したという事情があった。「真理の名におけるテロル」はいまなお、現代思想の最大のテーマであり続けている。

（西研による『知恵蔵』〔朝日新聞出版〕での解説より）

ではもうひとつ。

《〈フランス〉déconstruction の訳語》西洋哲学で伝統的に用いられる統一的な全体性や二項対立の枠組みを解体し、新たな構築を試みる思考法。フランスの哲学者デリダの用語。デコンストラクション。

（『デジタル大辞泉』小学館）

いよいよ、わからなくなっただろうか？

言葉遊びで幻惑しようなどという気はまったくない。だがこうして、たったひとつの概念だけをみても、決まった一連の言葉の連なりによって定義を確定できないように、ある考え方に誠実に向き合い、理解し咀嚼しようとすることは、とても難しいことだ。

それは、言葉が言葉によって定義されるめくるめく宇宙……、言葉の生み出す世界というものが、論理的にはどこかで自己矛盾に逢着するがゆえのめまいのようなものを連想させる。

そして、この「脱構築」は、ある意味、そのこと自体と向き合おうとした結果、言葉が作り上げる世界が、ひとつの制度、物語となり、その発話者が意図した通りの意味を生み出さない悲喜劇を乗り越えるために、生まれてきた概念だということもできるのかもしれない。

つまり、言葉によって図らずも生まれてしまう、自縄自縛から抜け出すための戦略としての考え方だ、と。

「構築」の対義語は「破壊」だ。「脱構築」は、もちろん「破壊」ではない。同時に、「反構築」でもない。「構築」はするのだ、一度は。しかしその「構築」の論理に自覚的であり、そこからまた「脱」していこうとするのである。

つまり、ある論理に則って「構築」＝組み立てを行なっていくのだが、その論理、その営みについて、常に同時に懐疑の眼差しを向け続けるのである。結果、ひとまず出来上がった「構築」物は、いつもその疑いの眼差しによって揺さぶられ、完成を見ることがない……。

どうだろうか？　本書のなかのどこかで読んだフレーズにつながるものではないか？　番組制作を通して語った発想、思考、考え方……。繰り返し僕が奏で続けた、「結論は出さなくていい」というメッセージの変奏曲。その重要な主旋律は、この「脱構築」という概念にあった。

脱構築は日々の実戦のなかにある

「脱構築」に出会ったのは、本書でも触れた、ソシュールの言語学などを学んだ学生時代のこと。当時、流行していた「現代思想」のなかの、ひとつのキー概念として、デリダ、脱構築、という記号は僕の耳にも入ってきた。

その、構築でも破壊でもない重層的なスタンスは、魅力的な響きを持っていた。だが、時代の全体状況は皮肉なものだった。バブルのなか、「高度成長の成果としての日本の輝かしい繁栄」という強固な物語が支配していたゆえか、不幸なことに、高度消費社会のなか、ファッショナブルな「アイテム」のように受け取られていた。

まるで「ガジェット」(小道具、装置、仕掛け)として消費されていく、「脱構築」……。そこに複雑なものを感じつつ、しかし、幸か不幸か、そうした風潮への違和感を抱えていた人間にとっては、心の奥底に刺さる概念だった。

「脱構築」のエッセンスには、「ひとつのルールとして構築の手法を受け入れ、そこに留まらず、その構築を自ら批評的に検討し続けること」がある。すなわち、まず「肯定」し、受け入れたうえで、そこから図らずも生まれるズレの感覚とも誠実に付き合い続けること……。

ちなみにその精神は、『すべての仕事は「肯定」から始まる』という前著の書名にも織り込まれているのだが、この概念と出会った当時、実社会へ踏み出す前に足踏みする身としては、ひとまず「構築」、と同時にそこから「脱」することも恐れない、その考え方に、社会と関わる時のひとつの処方箋を得た思いがしたのだった。

あれから、三〇年あまり……。「脱構築」は地下水脈のように、僕の思考の底をずっと流れる、BGMのようだ。それは、ある態度としていうならば、「自らの拠って立つところを自覚し、その足場を相対化し続けること」だと言い換えてもいい。さらに言えば、それは固定化した「思想」ではなく、仕事のうえで、表現のうえで、生きるうえでの実践的な戦略としての可能性を孕んでいる概念だったからだ。

ある部署を異動で離れる際、班員たちに出席を呼びかける送別会のポスターの僕の写真の吹き出しに、「あえて来ないという逆説もあるわけで……」と書かれていた時には苦笑した。ディレクターたちに固定的な考えを押し付けたくないという想いから、逆説を提示したいという気持ちが、こんな口癖になって表われていたのだろう。

プロデューサーとディレクターという関係性が、上意下達、「指示する／指示される」というものになってしまったら、創造性は死んだも同然だ。そこに自覚的にならなければ、プロデューサーの言葉は、歪んで独り歩きしてしまう。

もちろん、その場をつなぐコンセプトは、明確に共有し、そのための「指示」はしないわけにはいかない……。だからこそ、この「指示」という行為そのものを、「脱構築」する必要があるのだ。関係性を相対化し、二元論を越えて。

無意識に口走っていた「あえて」「……という逆説もある」という言葉は、ひとつの脱構築的実践の表現だった。このように、実践の、あるいは実戦の、と呼び変えた方がよいのかもしれないが、日々の仕事、行為のなかで、自己批判をしながら進んでいくための知恵だった。

そうなのだ、常に物事への「態度」、対象に向き合う「姿勢」としてあったのだ、脱構築という方法は。常に懐疑をやめない、自らの拠って立つ足場を掘り崩し考え続けるための方法として。

それにしてもなぜ、脱構築などという概念を、僕は、今さらのように繰り返すのか？　それは、構築がなくなった世の中だから、と言い得るのかもしれない。

人間は厄介な生き物だ。どこかで規範を求める。襟を正すための対象、聖なる空間を求める。それが社会に見つけられなくなった時、内に見出すほかはない。暴発しないためには。内省が必要な所以である。この構築と、その構築への自己批評、……連続するプロセスは、終わらない。そこに人間は、自らを賭け続けるのだ。

「結論は出さない」から、哲学も今に生き続ける

そして最後に。哲学と親しむ時に注意しなければならないのは、「実存主義」「構造主義」というイズム、あるいは「脱構築」などの特異な概念も、最初からそれを生み出すことが目的とされていたわけではないということだ。サルトルも、レヴィ＝ストロースも、デリダも、彼らそれぞれが個別に抱え込んだ人生があり、生まれ落ちた時代の文脈があり、地域の文化がある。その多くは遭遇した理不尽な状況のなか、まさにさまざまなジレンマを抱え、理性

と感情に引き裂かれながら、たどり着いたダイナミックなもの＝動体なのだ。その思考の過程を追い、想像力をたくましくすることが、あなた自身の実戦のなかで、哲学の概念が生きることにつながっていくことだろう。

もちろん、フラットにさまざまな概念に興味を持って、さまざまな学派、概念、主義、論理……、それだけを取り出してチャート化してみることも否定しない。そうしたゲーム感覚を入り口にして、哲学、思想の世界を旅してみる楽しさもあると思う。その効用も認める。

ただ、事後的にひとつの概念として名づけられた成果だけを定義だけから学び、固定化して捉えているだけだと、そのうちに物足りなくなり、また同時に、さまざまな概念が矛盾を孕んでいるという想いも生まれてくることだろう。

じつは、その時が、チャンスなのだ。僕が本書で提案している哲学は、現実に生きていくうえで思考を活性化し、エネルギーを与え、また時に指針を与えてくれるものだ。であるならば、個人として完結した人生のなかで生まれた、さまざまな書物のなかにある矛盾、揺らぎもまた、豊かさとして読み解き、付き合っていってもいいはずだ。ホッブズでもルソーでも、原典にあたり、誠実に良き読者であろうとするほどに、はぐらかされ、矛盾だらけだと叫びたくなるはずだから。

そこには、人間たちが作り出した得体の知れない社会というものの奇妙な理不尽に直面した男たちの悲鳴と、それを乗り越えようとした時の理性による制止の覚悟が渦巻いている。その混濁した言葉の海に時に溺れること。そして学校時代の教科書で、太字で丸暗記した言葉の背後にあった哲学者たちの揺れる想いを数百年の時を超えて共有することこそ、ダイナミックな対話の始まりなのだ。固定化した書物ではなく、新たな意味を生み出し続けるテクストとしての可能性。

「結論は出さない」精神が、古の哲学にも新たな命を吹き込み続ける。

そしてその時、あなたには、新たな視点を、力を与えてくれることだろう。

再び　結論は出さなくていい――あとがきにかえて

現代は、過酷な時代だ。すべてが市場のなかにさらされ、ともすれば、あらゆる物事が経済の論理で語られ、「役に立つ」か、「ムダ」か？　短絡的な二択に押し込められてしまう。人間も、例外ではない。市場での「労働力」としてばかりカウントされ、「商品価値」として語られ、その尊厳、存在感が失われていく。

そしてそれは、勝ち組と負け組の分断などということにとどまらない、じつは、どこにも勝者がいない、なんともやるせない、慢性的な疲れを生んでいるように思われる。いつでも代わりはいる。市場の力学だけで世の中を見れば、そんな荒涼とした風景しか見えてこない。経済の論理一辺倒。それは、とりもなおさず、それ以外の論理を失ってしまったということと。どこかでバランスをとっていたはずのもうひとつの軸、価値観を失いつつあることを意味していないだろうか？　日々の生活のなかで、消費のベースとなる効率性の価値観のなかで、それに対抗しうる「聖なるもの」、異なる次元で自らを省みる「聖なる空間」を失っているのではないか？

テレビ番組の制作の大原則は、視聴者本位、今、時代が求めるものに向かって表現を試みていく。時代に向き合うこと。それが大原則だ。

そして、だからこそ、今という時代に先入観なしに向き合えば向き合うほどに、さまざまな現象が、政治、経済から、サブカルチャー、芸能……、日々のさまざまなよしなしごと、すべてが等距離で視野に入ってくるのだ。

そこに、自然と疑問が生まれていく。その時、「問い」を立てることの重要性に気づき、「正解」をいたずらに性急に求めず、「問い」を立てて考え続ける、そのプロセスをそのまま映像のつながりとしていくことになる。真摯な姿勢だからこそ、そうなる。それでまた、新しい番組が生まれていく、自然と。

映像の編集作業は、いつも本題から微妙にズレるさまざまなノイズに満ちている。そんな映像制作での作法のように、湧き出るままの想いをひとまず言葉に定着するべく、キーボードを叩いてみることにした。ゆえに、時に重複しているかのように思える記述もあるが、さまざまな変奏曲、アレンジによるバージョンで豊かに届くこともあるかと思い、そのままにした。「言いたいこと」「書きたいこと」という言い方のなかで括られた固形物の概念より、泉のように涌き出るエネルギーを大事にしてみた。

そのおかげで、不思議な本になってしまったかもしれない。「結論を出さない」という、一般的には否定的に捉えられる姿勢を肯定し推奨、そのためにさまざまな詭弁を弄《ろう》する奇妙奇天烈な論……。そんな読み方をする方もいるかもしれない。さっさとエッセンスだけまとめてくれ、どれだけの情報量があるかで、本も買うか買わないか、結論を出すのだから、というせっかちな方には、時に苛立たせるような部分もあることだろう。

じっさい、本書はきちんとした計画書があってスタートしていない。さまざまな発想の断片を書きとめ、つなげ、ひとまずの流れに位置づける過程で、思いも寄らぬ方向へと文章がスライスしていくこともあった。書き終えてみれば、こんなに哲学、思想の話が随所に出てくるとは予想していなかったのだが、ズルズルと気づけば、そうした概念が、彩りをつけてくれていた。自分自身、思わぬ発見もあり、心の揺れを感じた時もあったが、すべて、言葉にするという行為の副産物だ。
一例をあげよう。一〇年ほど前、とあることで珍しく、名づけ難い、やり場のない、何とも形容し難い、複雑な憤りの感情がこみあげてきたことがあった。それはあえて言葉にするなら、怒りでもあり、哀しみでもあり、心を揺さぶるものだった。抑えがたい個人的な感情の蠢き……、そんなことがあったことすら、もちろん最近は忘れていたのだが、今回ふとその時の感情が蘇り、その本当の理由がわかった気がした。何とも間抜けな話だが、当時明確には言語化できなかった想いのなかに横たわっていたものが、腑に落ちる形で見えてきたのだ。

おそらくこの書籍ともう一冊、二〇一七年の夏は休み返上で執筆漬けになっていたのだが、さまざまな言葉を探して心の奥底を覗きこんでいるうちに、ずっとしまいこんでいた想いの核心に触れ、言葉にならざる想いが引きずり出されてきたのかもしれない。「怒り」などというと現代社会では、ただ「負の感情」として遠ざけられがちだが、時には直視されてもよいものだと思う。あのやるせなさと向き合ったことが、じつは今につながっていることも実感できた。

もちろん、そうそう簡単に怒ることなど勧めない。しかし、理不尽に直面した時に起きる、簡単には名づけ難い心のマグマは、可能性も持っている。時には落ち込む日々、感情を持てあます日々もあってこそ健全、そしてその時、すぐ答えなど出なくても、その過程が、次への何かを準備してくれているのかもしれない、ということをあらためて確認した経験だった。

まさに、怒りの理由にも、結論は出さなくていい、というところかもしれない。また一〇年後ぐらいには、さらに違う見方ができるようになっているだろう。おのずから、人生という物語が更新されていくことで、ひとつの事象、ひとつの感情はさまざまに読み替えられていくものなのだ。さらにいえば、「主体的な決断」などというストーリーに乗って、無理をして、さかしらに強迫観念から結論などを急ぐ必要もない。

「結論を出さなくていい、というメッセージに、今の時代、勇気づけられる人が多いんじゃないですか?」本書のきっかけは、古市憲寿さんのこんな言葉が作ってくれた。まとまらない想念の方向性が、このひとことをきっかけにして一気に動きだした。

古市さんに限らず、『ニッポンのジレンマ』にご出演いただいた皆さんとの対話から、多くのヒントをいただいた。こうしてひとまず形となった思考の背後には、本当に多くの皆さんとの出会いがあった。さまざまな形で番組を通して出会った方々、すべての皆さんに感謝したい。

ゆらゆらとしてまとまらない拙文の出来上がりを急かすことなく待ってくれた編集の草薙麻友子副編集長にも、最大級の感謝を申し上げたい。最初の読者の感想を励みに、どこかさまざまな錯綜性に満ちた旋律をなんとかひとつの変奏曲にまとめられたのかもしれない。

社会事象から個人の想いの吐露まで、卑俗なものからジャンルを超えてアカデミックなものまで、硬いのか柔らかいのか、分類を拒むような思考の運動。まさに、どこからどこへどうつながるか？　予断を許さぬリゾーム的な錯綜体。きちんと体系的にわかりたいという方がいらしたら、少々困惑されるかもしれない。また、この間、資本主義に関わるテーマについては『東洋経済オンライン』『クーリエ・ジャポン』などのウェブ媒体にも執筆させていただき、そうしたエッセンスも入っている。

だが開き直るわけではないが、この一見脈絡のない運動性こそが、ひとつの思考の方法なのであり、容易には消費されない免疫力を持つ哲学にもなりうるのではないかと、いまいちど「詭弁」を展開しておこう。この脳内のニューラルネットワークのような「想定外」のつながりの豊かさは、映像を通して想像力を喚起されながら考えることの醍醐味に似ている。

さまざまな物事への関心を同時に走らせ、一見無関係なもののなかにある同質性を発見し、異質性を心に留める。すでに確立したジャンルのなかで従来の図式で語られるところからこぼれ落ちる断片を丁寧に拾い上げ、どこか頭の片隅にぼんやりと浮かしておく。そこで焦ってはいけない。なんらかの見方を見つけて早く安心したいがために、従来からのものの見方、考え方に押し込めてしまってはいけないのだ。

その意味では、簡単に「わかる」ことの方がよほど危険であり、また未来へとつながる可能性を潰してしまうことになりかねないのだ。

三〇年以上の時を経て、否、生まれた時からの経験という意味では五〇年以上の経験を積み重ねていくなかで、ずっと地底の奥深くを流れる水脈のように続く「問い」。

この「問い」に絶対の正解はない。だが「問い」続けることは、確実に豊かな副産物をもたらすだろう。そしてこの「問い」続けることこそ、映像制作の本質であり、また人生の本質に限りなく近いように思えるのだ。

問う、考える、想像する、仮説を立てる、イメージする、検証する……。そんな一連のプロセスを、大事に味わうこと。

その時、問い続ければいい。結論は出さなくていい。

【本書で触れた文献】

『すべての仕事は「肯定」から始まる』丸山俊一、大和書房
「破壊的性格」『暴力批判論』ヴァルター・ベンヤミン著、高原宏平訳、晶文社
「壁　S・カルマ氏の犯罪」『壁』安部公房、新潮文庫
『荘子』金谷治訳、岩波文庫
『欲望の資本主義』丸山俊一、NHK「欲望の資本主義」制作班、東洋経済新報社
『不均衡動学の理論』岩井克人、岩波書店
『大衆への反逆』西部邁、文藝春秋
『ヴェニスの商人の資本論』岩井克人、ちくま学芸文庫
『雇用・利子および貨幣の一般理論』J・M・ケインズ著、塩野谷祐一訳、東洋経済新報社
「若き日の信条」『貨幣改革論　若き日の信条』ケインズ著、宮崎義一、中内恒夫訳、中公クラシックス
『吉本隆明　江藤淳　全対話』吉本隆明、江藤淳、中公文庫
『マス・イメージ論』吉本隆明、講談社文芸文庫
『氷川清話』勝海舟、江藤淳・松浦玲編、講談社学術文庫

【本書で触れた文献】

『一禅者の思索』鈴木大拙、講談社学術文庫
『心の社会』マーヴィン・ミンスキー著、安西祐一郎訳、産業図書
『千のプラトー』ジル・ドゥルーズ、フェリックス・ガタリ著、宇野邦一、小沢秋広、田中敏彦、豊崎光一、宮林寛、守中高明訳、河出文庫
『ポスト戦後社会』吉見俊哉、岩波新書
『雑種文化』加藤周一、講談社文庫
『学問のすゝめ』福澤諭吉、岩波文庫
『新訂　福翁自伝』福澤諭吉、富田正文校訂、岩波文庫
『純粋理性批判』カント著、篠田英雄訳、岩波文庫
『大衆の反逆』オルテガ・イ・ガセット著、神吉敬三訳、ちくま学芸文庫
『善と悪の経済学』トーマス・セドラチェク著、村井章子訳、東洋経済新報社
『リヴァイアサン』ホッブズ著、永井道雄、上田邦義訳、中公クラシックス
『【新訳】フランス革命の省察』エドマンド・バーク著、佐藤健志編訳、ＰＨＰ研究所
『フランス革命についての省察ほか』バーク著、水田洋、水田珠枝訳、中公クラシックス
『日本語が亡びるとき』水村美苗、ちくま文庫

「霧の朝」『遙かなノートル・ダム』森有正、講談社文芸文庫
『アフター・モダニティ——近代日本の思想と批評』先崎彰容、浜崎洋介、北樹出版
『八人との対話』司馬遼太郎、文春文庫
『構造と力』浅田彰、勁草書房
『批評とポストモダン』柄谷行人、福武文庫
『政治と思想1960-2011』柄谷行人、平凡社ライブラリー
『表徴の帝国』ロラン・バルト著、宗左近訳、ちくま学芸文庫
『草枕』夏目漱石、新潮文庫
『物語批判序説』蓮實重彥、中公文庫
『表層批評宣言』蓮實重彥、ちくま文庫

丸山俊一（まるやましゅんいち）

1962年長野県生まれ。慶應義塾大学経済学部卒業後、NHK入局。ディレクターとして美術番組、海外中継、ドキュメンタリーなどを手掛ける。グローバル化で苦闘するビジネスマンを追ったNHKスペシャル『英語が会社にやってきた』を構成、外国語講座リニューアルにも携わる。プロデューサーとして『英語でしゃべらナイト』『爆笑問題のニッポンの教養』『ソクラテスの人事』『仕事ハッケン伝』『ニッポン戦後サブカルチャー史』など異色の教養エンタメを企画開発。近年は『ニッポンのジレンマ』で新世代論壇を活性化、『欲望の資本主義／民主主義／経済史』『人間ってナンだ？超AI入門』『地球タクシー』『ネコメンタリー　猫も、杓子も。』など時代のテーマに応える企画を生み続ける。現在NHKエンタープライズ番組開発エグゼクティブ・プロデューサー。早稲田大学、東京藝術大学で非常勤講師を兼務。

結論《けつろん》は出《だ》さなくていい

2017年12月20日初版1刷発行

著　者 ── 丸山俊一
発行者 ── 田邉浩司
装　幀 ── アラン・チャン
印刷所 ── 萩原印刷
製本所 ── ナショナル製本
発行所 ── 株式会社光文社
東京都文京区音羽1-16-6（〒112-8011）
http://www.kobunsha.com/
電　話 ── 編集部03(5395)8289　書籍販売部03(5395)8116
業務部03(5395)8125
メール ── sinsyo@kobunsha.com

　ISBN 978-4-334-04324-7

909
テロvs.日本の警察
標的はどこか?
今井良
いま、ヨーロッパを中心に世界中でテロが頻発している。日本に暮らす私たちも、テロと決して無縁ではない。民放テレビ局で警視庁担当記者を務めた著者が、テロ捜査の最前線を描く。
978-4-334-04315-5

910
小説の言葉尻をとらえてみた
飯間浩明
小説の筋を追っていくだけでなく、ことばにこだわってみるのも楽しい。『三省堂国語辞典』編集委員のガイドで、物語の中で語られることばの魅力に迫っていく、異色の小説探検。
978-4-334-04316-2

911
炭水化物が人類を滅ぼす【最終解答編】
植物vs.ヒトの全人類史
夏井睦
前作で未解決だった諸問題や、「糖質セイゲニストの立場から生命史・人類史を読み直す」という新たな試みに挑む。19世紀的知識の呪縛とシアノバクテリアの支配から人生を取り戻す。
978-4-334-04317-9

912
労働者階級の反乱
地べたから見た英国EU離脱
ブレイディみかこ
トランプ現象とブレグジットは似て非なるものだった! 英国在住、労働者のど真ん中から発信を続ける保育士兼ライターが、常に一歩先を行く国の労働者達の歴史と現状を伝える。
978-4-334-04318-6

913
ブラック職場
過ちはなぜ繰り返されるのか?
笹山尚人
電通の社員だった高橋まつりさんの過労死事件は、私たちの社会に大きな課題を突きつけた。なぜ、ブラックな職場はなくならないのか? 豊富な事例を交え、弁護士が解決策を示す。
978-4-334-04319-3

光文社新書

914

2025年の銀行員

地域金融機関再編の向こう側

津田倫男

地銀・第二地銀、信金・信組の再編が進まない理由は、勲章にあった!?——最新情報に基づく地域金融機関の再編予測と、その中でも生き残る銀行員・地金《ちきん》パーソン像を解説。

978-4-334-04320-9

915

医学部バブル

最高倍率30倍の裏側

河本敏浩

「東大文系より私立医学部」の時代——医学部進学予備校を主宰する著者が、その最前線の闘いを活写。また、豊富な指導経験をベースにした効果的な勉強法を提示する。

978-4-334-04321-6

916

女子高生　制服路上観察

佐野勝彦

膝上スカート、ずり下げリボン、なんちゃって制服…「だらしない」では現象の本質は見えない。街で20年、観察とインタビューをしてきた著者が明かす10代のユニフォームの全て。

978-4-334-04322-3

917

「家事のしすぎ」が日本を滅ぼす

佐光紀子

「手づくりの食卓」「片付いた部屋」……「きちんと家事」への憧れと呪縛が日本人を苦しめる——。多くの聞き取りや国際比較を参照しながら気楽な家事とのつきあい方を提案する。

978-4-334-04323-0

918

結論は出さなくていい

丸山俊一

『ニッポンのジレンマ』『英語でしゃべらナイト』『爆笑問題のニッポンの教養』等、NHKで異色番組を連発するプロデューサーによる逆転の発想法。強迫観念・過剰適応の時代のヒント。

978-4-334-04324-7

919
精神鑑定はなぜ間違えるのか？
再考　昭和・平成の凶悪犯罪
岩波明

附属池田小事件、新宿・渋谷セレブ妻夫バラバラ殺人事件、池袋通り魔殺人事件、連続射殺魔・永山則夫事件、帝銀事件——ベストセラー『発達障害』の著者が明かす精神医学の限界。

978-4-334-04325-4

920
ラーメン超進化論
「ミシュラン一つ星」への道
田中一明

近年、ラーメン店主たちの調理技術は飛躍的に向上し、ついにミシュランの星を獲得する店も誕生。1杯1000円に満たない値段で体験できるその奥深き世界を、「ラーメン官僚」がレポート。

978-4-334-04326-1

921
コミュニティー・キャピタル論
近江商人、温州企業、トヨタ、長期繁栄の秘密
西口敏宏　辻田素子

優れたパフォーマンスを示すコミュニティーの特徴とは？　経済繁栄はいかに生まれ、長く維持されるのか。最新のネットワーク理論とフィールド調査から、ビジネスのヒントを探る。

978-4-334-04327-8

922
手を洗いすぎてはいけない
超清潔志向が人類を滅ぼす
藤田紘一郎

手洗いに石けんはいらない。流水で一〇秒間だけでいい。きれい好きをやめて、もっと免疫を強くする術を名物医師が提唱。あなたの常識をガラリと変える、目からウロコの健康法！

978-4-334-04328-5

923
雲を愛する技術
荒木健太郎

豊富なカラー写真と雲科学の知見から、身近な存在でありながら本当はよく知られていない雲の実態に迫っていく。雲研究者が愛と情熱を注ぎこんだ、雲への一綴りのラブレター。

978-4-334-04329-2